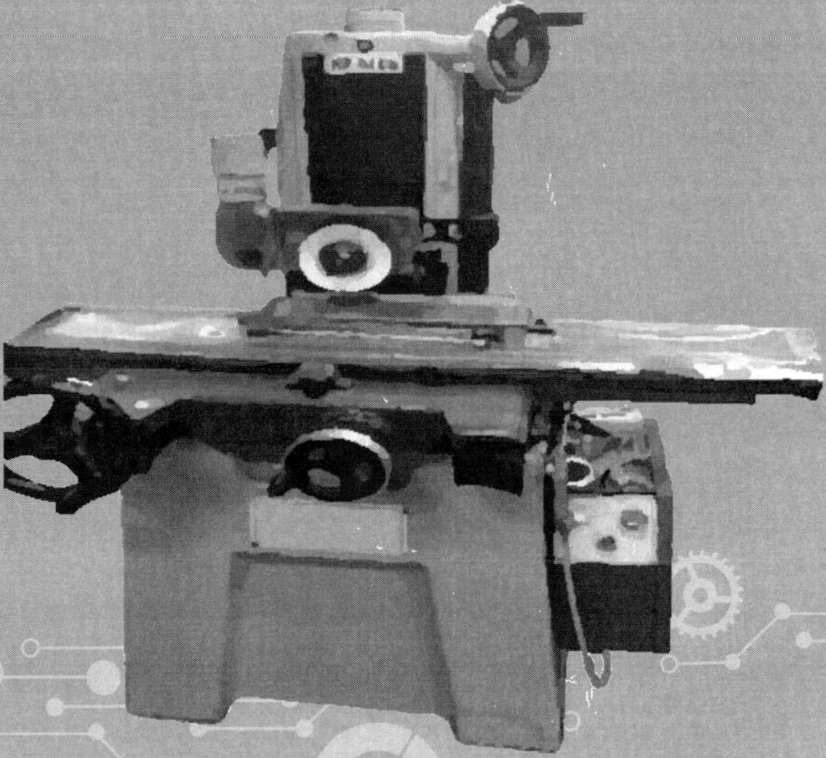

模具零件成型
磨削操作

彭浪 主編

前言

製造工業的迅速發展，推動了製造技術的進步。精密零件成型磨削作為一種特種加工技術，在眾多的工業生產領域起到了重要的作用。在模具製造行業中，利用精密手搖磨床，加工各種模具零件的工藝指標已達到了相當高的水準，其獨特的加工性能，是其他加工技術不可替代的。因此，未來精密零件的成型磨削技術的發展空間是十分廣闊的，將朝著更深層次、更高水準的方向不斷發展。

本教材的主要特點是：通過典型型面的成型加工等具體實例專案為嚮導，每一專案分解出幾個相應的任務，通過每個任務的實施，最終完成專案目標。每一專案的理論知識和實踐操作方法分解到若干具體任務之中，讀者通過實際操作練習，加工出具體產品來熟練掌握手搖精密磨床的操作方法，在做的過程中領悟成型磨削方面的理論知識，避免了純抽象理論的學習。

本書是一門實踐性、綜合性、靈活性很強的專業理論與實踐相結合的教材。

本書共 5 個專案，由彭浪主編並負責統稿。具體分工為：項目一中任務一、三由周勤編寫，項目一中任務二由鄭瑩編寫，項目二、三由彭浪編寫，項目四、五由劉鈺瑩編寫，書中部分圖形由魯紅梅繪製。

由於時間倉促、作者水準有限，書中錯誤之處在所難免，懇請讀者批評指正。

目錄

項目一 基本平面的成型加工 001
    任務一 認識磨床結構及原理 002
    任務二 磨床的操作規則及保養維護 007
    任務三 研磨加工平面 012

項目二 基本六面體的成型加工 025
    任務一 修整磁台 026
    任務二 研磨加工六面體 032

項目三 典型斷差和直槽的成型加工 041
    任務一 加工典型斷差 042
    任務二 加工典型直槽 055

項目四 典型斜面的成型加工 067
    任務一 運用正弦台加工斜面 068
    任務二 運用角度成型器加工斜面 078

项目五　圆弧的成型加工 089
　　任务　加工外圆弧 090

項目一　基本平面的成型加工

　　本專案主要介紹磨床的結構及原理、磨床的操作規則及保養維護，要求學生通過掌握砂輪及修刀的選用、工件的裝夾、研磨參數的合理選擇、平面的測量等知識，能夠進行平面的正確加工。

目標類型	目標
知識目標	(1)掌握磨床結構及其工作原理 (2)掌握磨床基本操作規則 (3)掌握砂輪的選用及修整 (4)掌握平面的研磨過程及其檢測
技能目標	(1)能正確按照操作規程操作磨床 (2)能正確選用、安裝砂輪並進行修整 (3)能正確選擇研磨參數 (4)能正確研磨合格平面並進行檢測
情感目標	(1)會思考生活中常見產品的生產工藝，初步樹立產品模具生產流程意識 (2)在學習過程中，能養成吃苦耐勞、嚴謹細緻的行為習慣 (3)在小組協作學習過程中，提升團隊協作的意識

任務一 認識磨床結構及原理

 **任務目標**

(1)能熟悉手搖磨床的安全操作規程。
(2)能熟練掌握手搖磨床的結構及各零部件的作用。

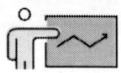 **任務分析**

安全生產是磨床加工的第一要點！在研磨過程中應嚴格按照規範進行，在研磨實訓室參觀、討論後，加深對研磨加工安全操作規程的認識和理解。

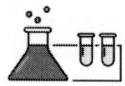 **任務實施**

一、參觀磨床實訓現場

在磨床實訓室參觀，見習研磨加工過程，瞭解研磨實訓過程中應當注意的安全操作規程。

二、磨床的結構及工作原理

手搖磨床的結構如圖1-1-1所示。

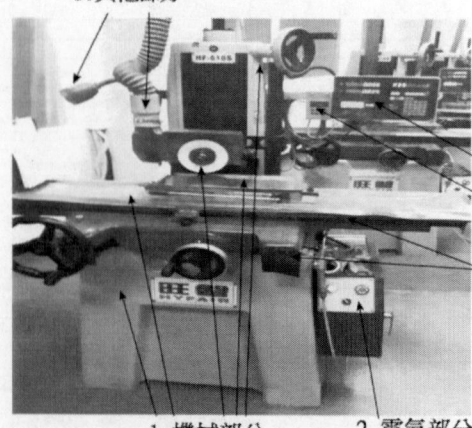

圖1-1-1 手搖磨床組成

手搖磨床可以大致分為五個部分：

（1）機械部分。機架、拖板、主軸、工作臺、傳動螺杆等。

（2）電氣部分。電源控制箱、馬達等。

（3）潤滑部分。油管潤滑系統。

（4）輔助部分。光學電子尺、變頻器等。

（5）其他部分。對刀燈、吸塵器、沖水裝置等。

三、磨床的傳動方式

磨床左右方向由鋼索傳動，前後、上下方向由螺杆傳動。

1.機台鋼索的更換方法

（1）拆開機台左右兩邊的防護罩。

（2）鬆開兩邊的固定塊，把壞掉的鋼索解開，一端與新鋼索連接後拉動舊鋼索另一端，把新鋼索引到所需位置。

（3）把鋼索的右端壓入拖板的鋼索固定塊並鎖緊，然後在手柄軸上繞三圈，再把左端壓入機台的鋼索固定塊鎖緊，最後將鋼索的鬆緊度調整到合適位置，如圖 1-1-2 所示。

（4）調整機台鋼索張力時，將機台拖板搖到機台右邊，用手指按住鋼索感覺其張力，不能太鬆也不能太緊。太鬆，加工時搖動手輪易打滑；太緊，鋼索容易疲勞斷裂。

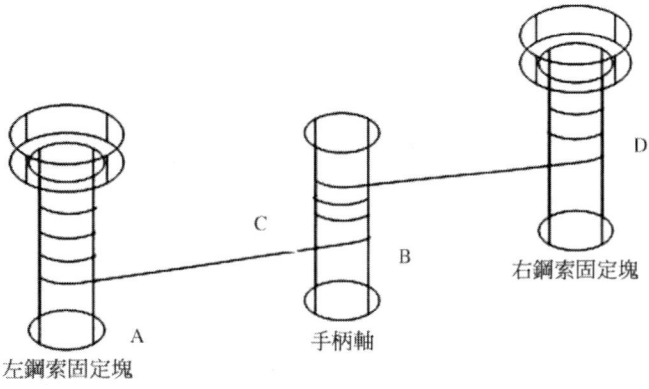

1.機械部分　　　2.電氣部分

圖 1-1-2　鋼索固定位置（AB//CD）

2.鋼索的保養及維護

（1）正確更換鋼索，機台長期不使用時將鋼索放鬆。

（2）加工過程中，左右手輪用力適中均勻，不可忽大忽小，以免鋼索因疲勞過度而斷裂。

（3）加工過程中，鋼索過緊或過鬆須及時調整。

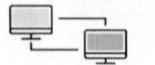 相關知識

一、磨床概述

磨床結構如圖1-1-3所示。

圖1-1-3　磨床結構

（1）磨床作為機械加工最為重要的機械之一，根據加工工件的形狀、材質、硬度及加工精度等因素選擇。磨床的種類相當多，我們可以根據不同的加工需要來選擇合適的機型進行加工。常見的磨床有：手搖磨床（平面磨床）、外圓磨床、內圓磨床、無心磨床、數控磨床（光學磨床）等，本書所使用的是手搖磨床，以下將對手搖磨床進行簡單介紹。

（2）手搖磨床的型號、品牌很多，按照型號區分有：614、618、818、3060。

（3）手搖磨床加工的工作原理：利用不同參數的砂輪對金屬進行切削加工，以達到成型的目的。

（4）加工範圍：在有效的行程範圍內，可以加工貫穿、不穿及半封閉的絕大多數形狀。

（5）具體加工形狀有:六面體、斷差、斜面、圓弧、槽及一般普通曲線。精度可以達到 0.001 mm，表面可以達到鏡面的光潔度。

二、機台的潤滑方式

（1）當潤滑油注入油槽後機台主軸轉動，油槽內油泵開始工作，為各需要潤滑的部位供油，機台開始工作。

（2）供油油路簡圖如圖 1-1-4 所示。

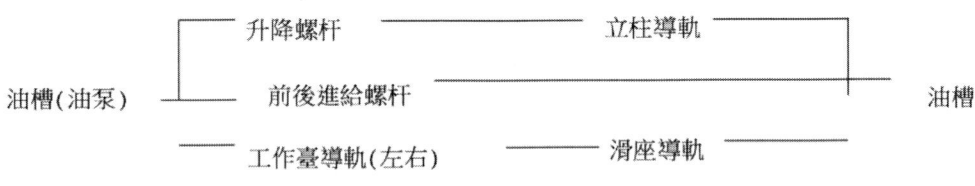

圖 1-1-4 供油油路

（3）油量調節示意圖，如圖 1-1-5 所示。順時針旋轉油量減小，逆時針旋轉油量增加。

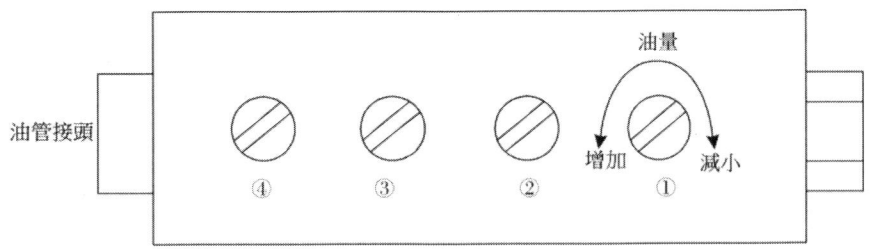

①為流量調節(油壓閥);②為Z軸螺杆及立柱導軌；
③為前後螺杆;④為工作臺導軌(前後導軌及左右導軌)

圖 1-1-5 油量調節示意圖

（4）一般情況下油量的調整方法：

①上下螺杆，順時針旋緊後逆時針放鬆 2 圈。

②左右、前後導軌，順時針旋緊後逆時針放鬆 1/4 圈。

③前後螺杆，順時針旋緊後逆時針放鬆 1/8 圈。

④油壓閥，順時針旋緊後逆時針放鬆 1 圈。

小提示

在應用中應根據實際情況調整，此標準僅供參考。在工作過程中，應隨時注意立柱油窗中油量是否低於最低油標線，如低於最低油標線應立即補充潤滑油。

任務評價

表 1-1-1　認知磨床結構及原理評價表

評價內容	評價標準	分值	學生自評	教師評價
參與參觀、討論情況	主動投入，積極完成學習任務	20分		
出勤	無遲到、早退、曠課	10分		
小組成員合作情況	服從組長安排，與同學分工協作	10分		
任務完成情況	基本熟悉手搖磨床安全操作規程	40分		
文明、安全參觀	不打鬧，不隨意亂動設備工具	20分		
學習體會				

任務二 磨床的操作規則及保養維護

 任務目標
（1）能正確、熟練地操作磨床。
（2）能正確使用研磨加工中的常用工具。
（3）能正確維護磨床。

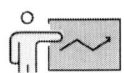 任務分析

在研磨加工過程中，如何正確操作和維護磨床，是保證人身、設備安全和確保操作品質的重要因素之一。由於本課程的各項操作均在磨床上進行，所以在此對研磨加工中的注意事項和維護保養做簡要介紹。

 任務實施

一、機台各手輪操作規律

各手輪位置如圖 1-2-1 所示。

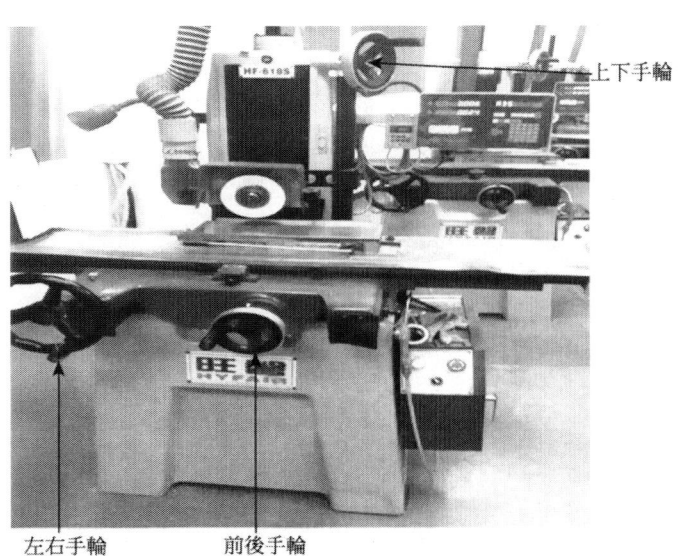

上下手輪

左右手輪　　前後手輪

圖 1-2-1　各手輪位置

（1）上下手輪（升降手輪）：右轉——上升；左轉——下降。

（2）前後手輪：右轉——前進；左轉——後退。

（3）左右手輪：右轉——向右；左轉——向左。

二、磨床操作安全細則

（1）操作人員不可穿寬鬆或袖子過長的衣服，不可穿背心、短褲、拖鞋進入車間，不可打領帶或佩戴首飾。

（2）操作人員不可留長髮。

（3）工作時間必須戴口罩。

（4）非操作人員不可靠近機台。

（5）砂輪在轉動過程中必須蓋好防護罩。

（6）不可隨意開啟電控箱，機臺上有閃電標誌的地方不可用手觸摸。

（7）主軸馬達關閉後，不可用外力使砂輪強行停止轉動。

（8）加工過程中或加工完成後、砂輪未完全停止轉動前，不可冒險用手去抓取工件或清理磁臺上的粉塵。

（9）拆卸法蘭盤時應用專用工具拆卸，禁止採用敲擊砂輪的方法來拆卸，否則容易造成砂輪破裂而產生危險。

（10）機臺上限制拖板左右行程的固定塊不可打開，以免拖板滑離導軌造成安全隱患。

三、磨床的正常開啟、關閉順序

磨床開啟、關閉按鈕位置如圖1-2-2所示。

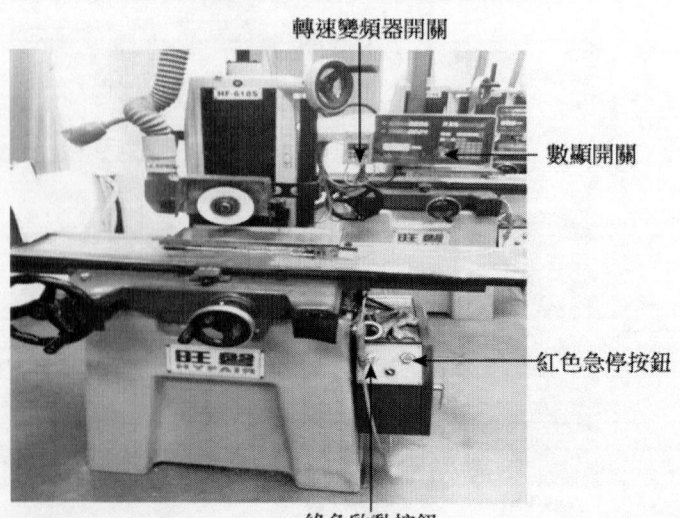

圖1-2-2　磨床"開啟""關閉"按鈕位置

（1）順時針旋轉紅色急停按鈕。按下綠色啟動按鈕，打開數顯表後面的光學尺電源開關，開啟變頻器，開始加工。

（2）關閉變頻器。關閉光學尺、數顯表，向裡按下紅色急停按鈕。

（3）特殊或危急情況下關機時，可直接按下紅色急停按鈕。

四、磨床的保養維護

1. 保養的目的及作用

永久維護機台的精度，延長使用壽命。每日使用後，應該按次序關閉機台電源，徹底清潔機台各部位，只可用碎布清潔，不可使用氣槍吹機台。最後，用油布將磁台、主軸及上下、前後手輪上油以免其生銹。

2. 每日使用後應將機台歸位

（1）上下方向應將機台主軸搖至距離磁台 150mm 以上。

（2）前後方向應將 Y 軸方向上下導軌對齊。

（3）左右方向應將 X 軸方向上下導軌對齊。

（4）在加工過程中，操作人員如需長時間離開機台，只要將左右方向的上下導軌對齊即可。

3. 磁台的保養

（1）磁台作為我們研磨加工的基準，其精度及平面度相當重要。磁台是由銅、鐵組合材料製作，極易被刮傷、碰傷、磨損。

（2）其具體的保養方法如下：當加工完成後，必須將在加工中產生的切屑、灰塵、油污等清潔乾淨，表面塗上防銹油或潤滑油。經過一段時間的使用，磁台容易磨損，需要定期研磨修復。

4. 主軸的保養

（1）機台主軸是用來固定砂輪的，它是機台精度保證的核心部分，在加工中應小心謹慎，不可撞擊砂輪或主軸。

（2）其保養方法是：加工完畢後，將機台防護罩及主軸清潔乾淨，塗上防銹油或潤滑油。如果精度不慎走失需要由專業人員調校維修或送回廠家處理。

5. 機台的維護

（1）為了保證機台的加工精度，應將機台安放於堅固、平整的水泥地面上，避免震動和陽光直接照射。

（2）機臺上嚴禁放置加工中所使用的工具、治具及其他物品。

（3）磁台不可長期使用同一位置，避免造成導軌局部磨損而影響加工精度。

（4）每月清理一次油泵上的過濾網，以免粉塵堵塞油管。每六個月換油一次，換油必須更換專用磨床導軌油（MOBIL 1405）。

（5）機台需要定期保養維護，並由專人定期校正以確保精度。

相關知識

一、操作機器之前的注意事項

（1）必須經過培訓達到要求才能操作機器。

（2）加工前確認主軸的旋轉方向（正確應為順時針方向旋轉）。

（3）開機後耳聽機台馬達聲音有無異常，觀察油窗的潤滑油是否達到正常位置，觀察機台是否有漏油現象。

（4）根據加工工件的不同選用砂輪及加工參數。

（5）嚴格按照研磨加工六要素執行。

二、研磨加工六要素

1.材質及硬度

（1）粗細微性的砂輪用於加工硬脆的材料，細細微性的砂輪用於加工較軟的材料。

（2）硬結合度的砂輪用於易切削的軟材料，軟結合度的砂輪用於切削硬材料。

（3）材料硬度高，要求切削速度高、切削深度淺、走刀快；材料硬度低，要求切削速度低、切削深度深、走刀慢。

2.光潔度與磨除量

（1）粗細微性的砂輪用於粗磨及快速研磨，細細微性的用於研磨高精度、高光潔度的臺階及溝槽等。

（2）小切削用量用於加工光潔度高的工件，速度要低，切削深度要淺，走刀要均勻；加工餘量大時，粗磨用大切削用量，快速切除餘量。

3.乾磨與濕磨

（1）濕磨比乾磨要用高一級結合度的砂輪。

（2）濕磨比乾磨砂輪損耗量要大，材料發熱度低。

4.研磨接觸面積

（1）接觸面積大時，用粗細微性的砂輪；接觸面積小時，用細細微性的砂輪。

（2）接觸面積小時，用硬砂輪；接觸面積大時，用軟砂輪。

5.研磨作業苛刻度

（1）韌性磨料用於研磨嚴格條件下的合金鋼。

（2）軟性磨料用於硬度高的鋼材的研磨加工。

（3）中性磨料用於一般的常規加工。

6.磨床馬力

（1）馬力較大的磨床採用結合度高的砂輪。

（2）馬力較大的磨床採用較高的切削用量。

 任務評價

表1-2-1　磨床操作規則及保養維護評價表

評價內容	評價標準	分值	學生自評	教師評價
參與參觀、討論情況	主動投入，積極完成學習任務	20分		
出勤	無遲到、早退、曠課	10分		
小組成員合作情況	服從組長安排，與同學分工協作	10分		
任務完成情況	基本熟悉磨床操作規則及其維護	40分		
安全、文明實習	不打鬧，不隨意亂動設備工具	20分		
學習體會				

任務三 研磨加工平面

 任務目標

（1）能研磨出如圖 1-3-1 所示的上、下兩個大平面，並達到所需技術要求。
（2）能正確選用砂輪和修刀並修整砂輪。
（3）能正確選用研磨參數進行平面研磨。
（4）能正確檢測平面是否達到要求。

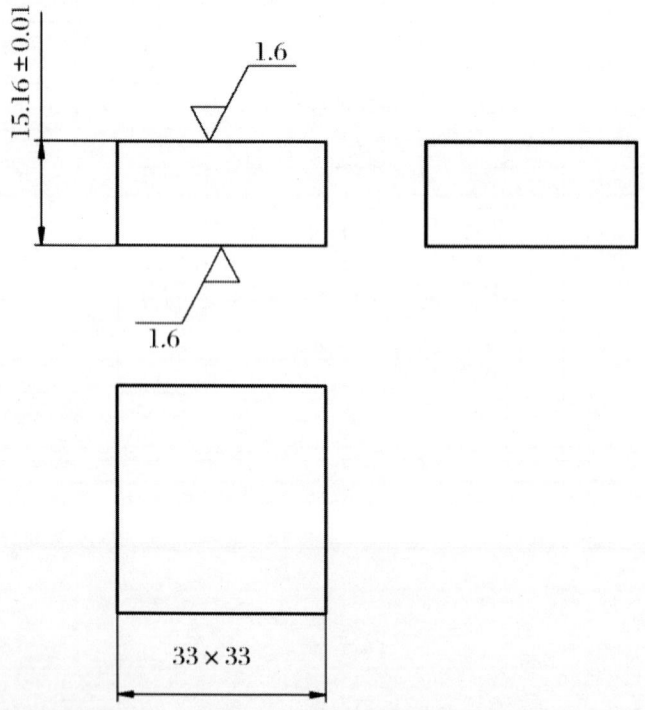

圖 1-3-1 平面的研磨示意圖

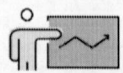 任務分析

　　平面加工是進入成型研磨加工行業最基本的知識，有相當重要的作用。平面加工的好壞直接影響到後續成型加工尺寸精度的高低，也會影響到加工的品質與效率好壞。所以，研磨一個合格的平面是成型研磨加工的首要條件。本任務工作流程如下：選用砂輪和修刀、選擇合理的加工參數、研磨平面、檢測平面。

任務實施

一、砂輪和修刀的選用

1.砂輪的選用

磨削成功的關鍵是砂輪選擇適當，適合於所要磨削的材料和磨削種類，研磨平面主要選用 46K 的砂輪，其次可用 60K 或 80K 的砂輪。

2.修刀的選用

研磨平面主要是修整砂輪的底部，所選用的修刀為 Φ12 或 Φ10。

二、砂輪的修整

1.修整砂輪（圖 1-3-2）的步驟

（1）將砂輪裝於主軸上，空轉 2 min。

（2）調節上下手柄使砂輪最低點高於修刀尖。

（3）通過調節左右、前後手柄使修刀尖處於砂輪正下方向左偏移 5~10mm。

（4）用透光法轉動上下手柄使砂輪底部與修刀尖慢慢接近，耳聽"吱"的聲音，說明已經接觸。

（5）根據加工需要選擇合理的參數進行修整；在修整過程中，禁止移動左右手輪。

圖 1-3-2　修整砂輪

2.砂輪修整參數(見表1-3-1)

表1-3-1　砂輪修整參數表

修整類別	砂輪轉速	上下下刀量	前後進刀速度	適用加工種類
粗修	1800~2200 r/min	0.05~0.1 mm	一刀過	粗磨
半精修	2200~2500 r/min	0.005~0.01 mm	慢	半精磨
精修	2500~2800 r/min	0.001~0.005 mm	慢且勻速	精磨

三、工件的裝夾

如圖 1-3-3 和圖 1-3-4 所示，磨床是依靠磁台的吸力來固定工件，但有時加工的工件較小，磁台吸力有限，而加工時砂輪對工件的衝擊力相當大，為了增強工件裝夾的牢固性，在研磨加工中常用一些治具來輔助加工，最常用的治具為擋塊。

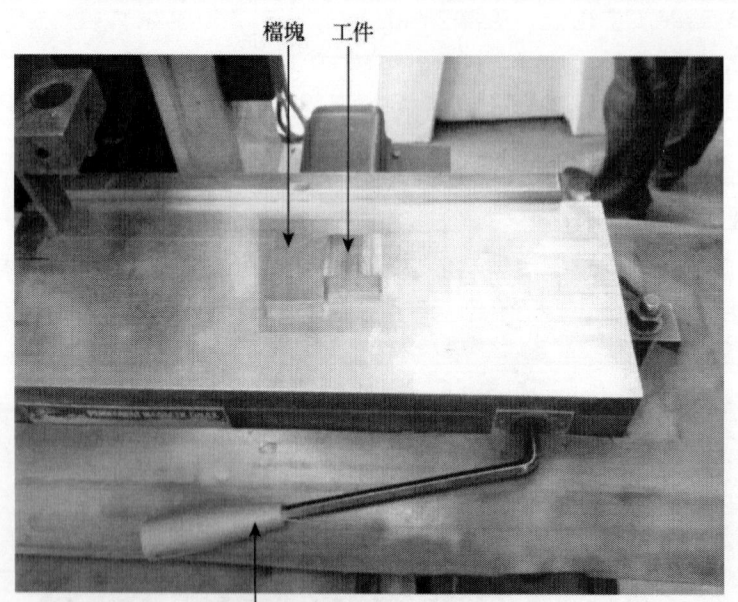

圖 1-3-3　裝夾工件和擋塊，未上磁

項目一 基本平面的成型

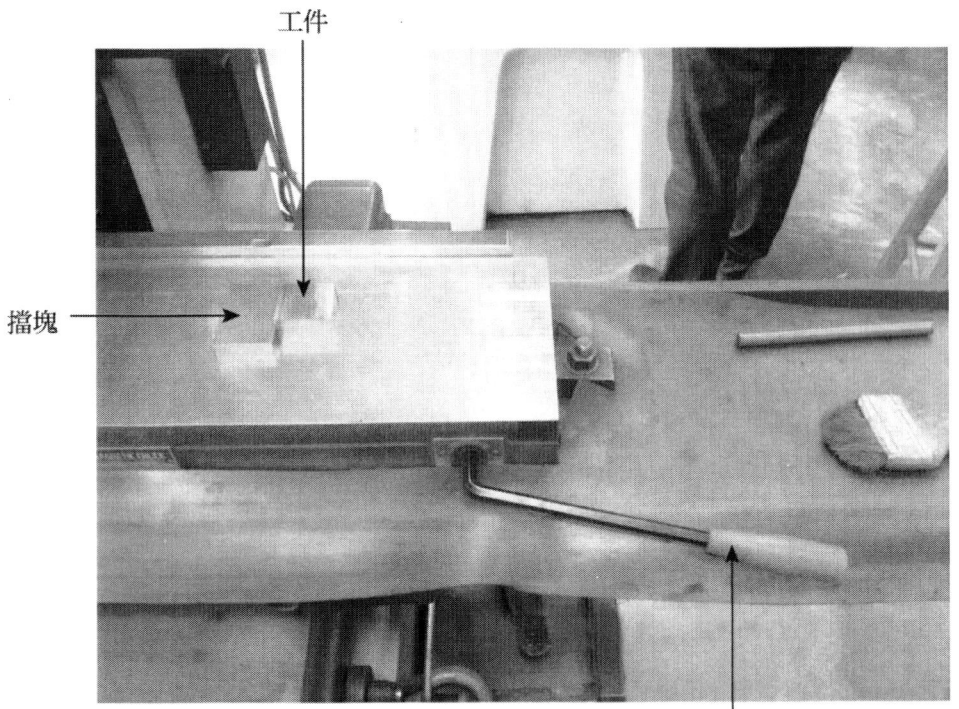

圖 1-3-4 裝夾工件和擋塊，已上磁

四 對刀

（1）將修整好的砂輪搖至待加工工件的左上角，如圖 1-3-5 所示。

圖 1-3-5 砂輪底部靠近工件上表面

15

（2）利用透光法進行對刀，使砂輪底部慢慢接近工件，直到用眼睛觀察兩者沒有非常明顯的縫隙為止，如圖 1-3-6 所示。

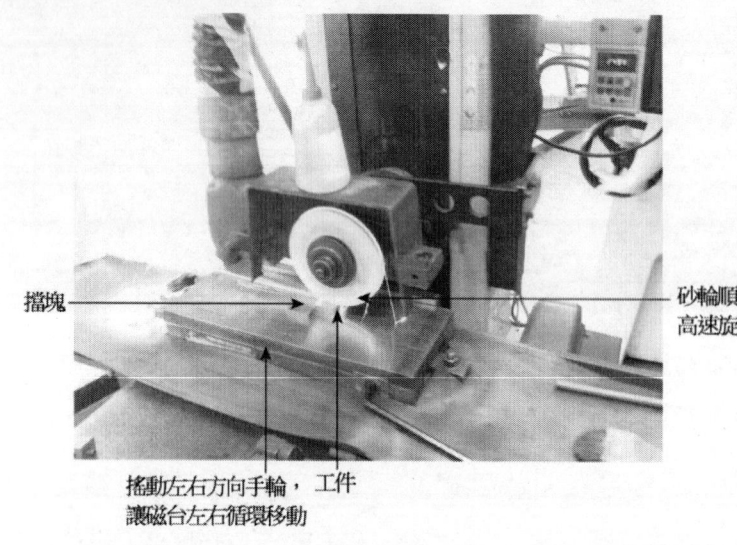

圖 1-3-6　砂輪底部與工件上表面無明顯縫隙

（3）向右搖出工件，在工件表面上先塗上漆筆，再在畫漆筆處塗上少許粉筆。

（4）左右手輪往返運動，上下緩慢下刀，當砂輪擦到粉筆時證明將要接觸到畫漆筆處，砂輪擦到漆筆處時顏色將開始慢慢變淡，直至工件表面露出泛白的顏色，證明工件對刀完畢。

五、研磨：粗磨—半精磨—精磨（圖 1-3-7）

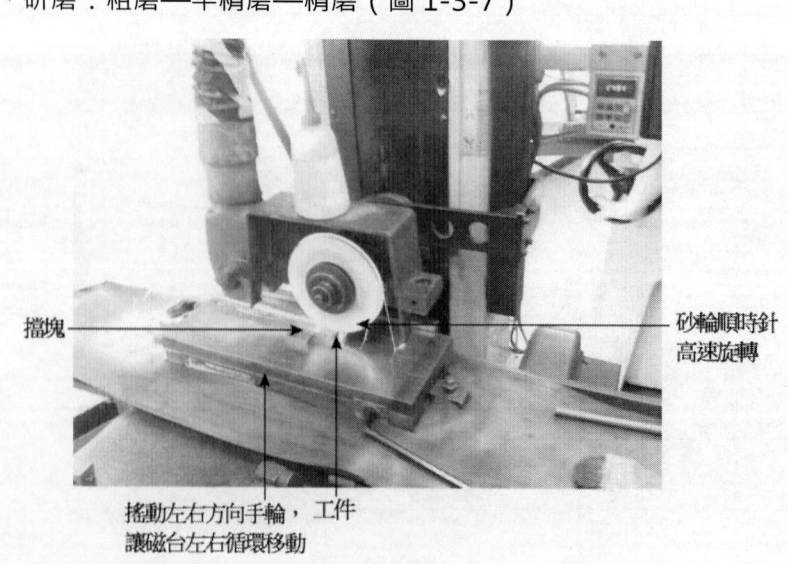

圖 1-3-7　磨削平面操作

（1）粗磨。

①目的：去除工件大部分的餘量，並合理留取餘量以待半精磨。

②參數：砂輪轉速為 2200～3200 r/min；上下下刀量為 0.02～0.12 mm；進刀速度為快速；留餘量為 0.03～0.05 mm。

（2）半精磨。

①目的：因粗磨後工件表面較為粗糙，且有的工件產生變形，半精磨時則將工件 變形修復，留取少量精磨。

②參數：砂輪轉速為 2200～2400 r/min；上下下刀量為 0.003～0.008 mm；進刀速度為中速；留餘量為 0.002～0.01 mm。

（3）精磨。

①目的：保證工件平面度、光潔度。

②參數：砂輪轉速為 1800～2200 r/min；上下下刀量為 0.001～0.005 mm；進刀速度 為慢且勻速；尺寸合適。

（4）磨削完一面後，再掉頭磨削另一面；整個平面要磨削平整。

六、測量

測量尺寸時一般選用高度規，為了使測量的結果更加準確，在測量時採用"五點測量法"，對平面的四角、中間即如圖 1-3-8、圖 1-3-9、圖 1-3-10、圖 1-3-11 和圖 1-3-12 所示的 A、B、C、D、E 五點進行測量，綜合其結果。

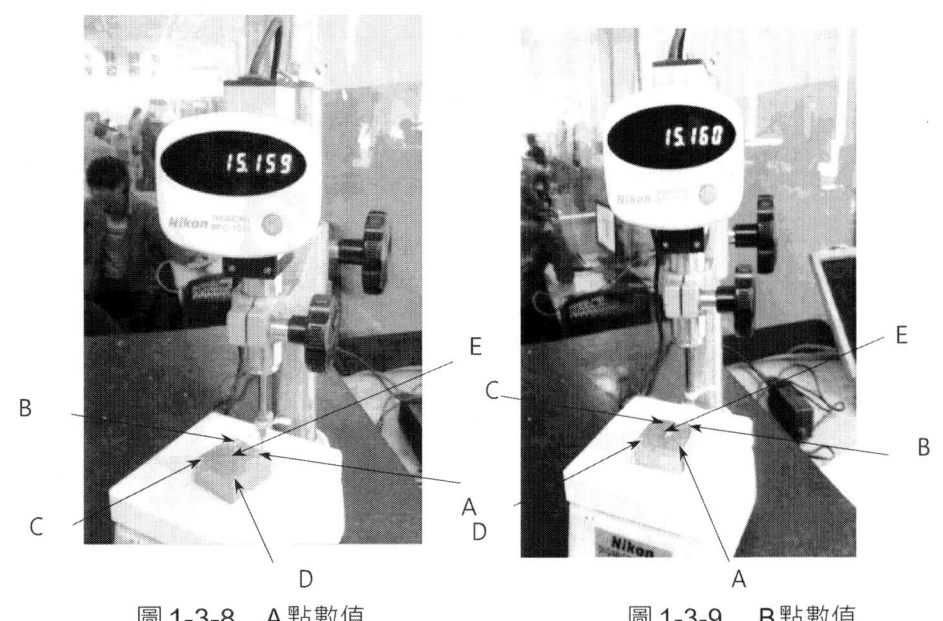

圖 1-3-8　A 點數值　　　　　　　　圖 1-3-9　B 點數值

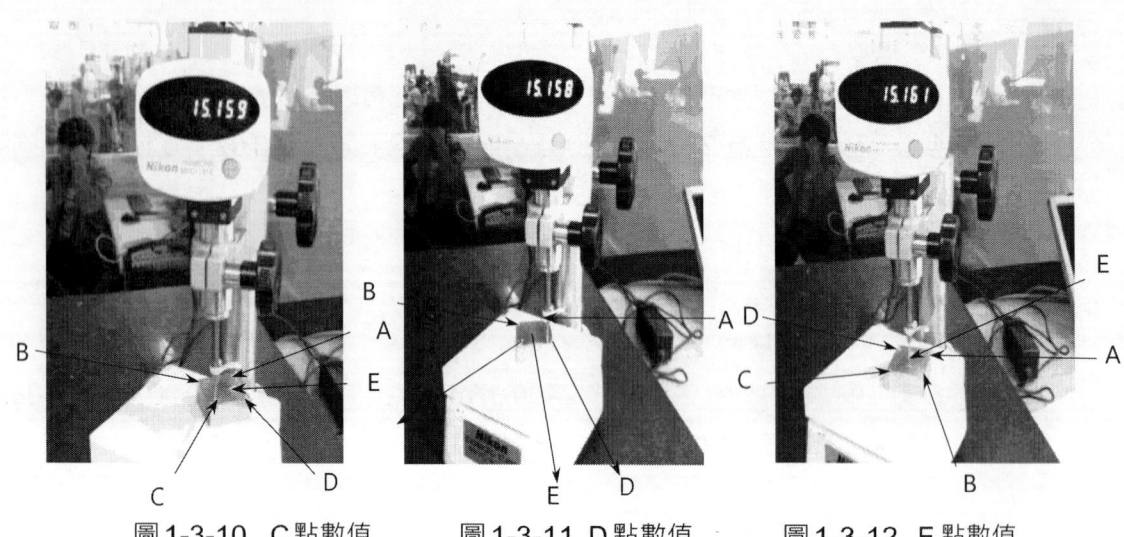

圖1-3-10　C點數值　　　圖1-3-11　D點數值　　　圖1-3-12　E點數值

相關知識

一、砂輪的選擇

1.磨料的選用範圍

（1）棕剛玉，代號 A，色澤棕褐，硬度高、韌性大、價格低，應用廣泛。適用於普通鋼材的磨削、自由磨削和粗磨削。也可磨削抗拉強度較高的金屬，如碳素鋼、合金鋼、可鍛鑄鐵、硬青銅的普通磨削、切斷、自由磨削。

（2）白剛玉，代號 WA，色澤白，硬度高於棕剛玉，韌性低，磨削性能好且磨削熱量小。適用於淬火鋼、高速鋼等強度大、硬度高的工件的普通磨削，也可用於螺紋、齒輪及薄壁零件的加工。

（3）鉻剛玉，代號 PA，色澤桃紅或玫瑰紅，磨粒切削刃鋒利、棱角保持性好、耐用度較高且比白剛玉韌性高。適用於成型磨削，刀具、量具、儀錶零件、螺紋工件等零件的精密磨削，以及其他各種高光潔度的表面加工。

（4）綠碳化矽，代號 GC，色澤綠，硬度僅次於碳化硼和金剛石，性脆、磨粒鋒利、具有導熱性。適用於磨削硬質合金、光學玻璃、陶瓷、寶石、瑪瑙，以及其他一些硬脆性材料。

（5）黑碳化矽，代碼 C，色澤黑，硬度比剛玉類高，脆性大，韌性較低。適用於加工抗張強度低的金屬及非金屬材料，如鑄鐵、黃銅、鋁、石材、木材、玻璃、陶瓷、橡膠、皮革等。

2.硬度的選擇

砂輪硬度是指磨粒在外力作用下從磨具表面脫落的難易程度。

（1）磨削硬材料時，選較軟的磨具，反之，選較硬的磨具。硬材料難磨削，磨粒易磨鈍，選軟一些的磨具；軟材料易磨削，磨粒不易磨鈍，選硬一些的磨具。

（2）磨削軟而韌性大的有色金屬材料時，硬度應選軟一些的。

（3）磨削導熱性差的材料，應選較軟的砂輪。此類材料硬度高、導熱係數低，磨削區溫度不易散去。

（4）切入磨削外圓比縱向進給磨削外圓所選用磨具硬度軟些，以避免燒傷工件。

（5）成型磨削時，磨具硬度要選高些，以保證工件的正確幾何形狀。

（6）平面磨削磨具硬度應選軟些，端面磨削比圓周磨削磨具硬度應選軟些。磨具與工件接觸面積大，磨粒易磨鈍，磨削熱量增高，工件易燒傷。

（7）內圓磨削較外圓、平面磨削所選磨具硬度要高些。內圓磨削時，磨具線速度低，所以硬度要選高一些。

（8）刃磨刀具時，選用硬度較軟的砂輪。刃磨刀具時，工件散熱條件差，易產生燒傷、裂紋，一般在硬度代號為 H~L 時選用。

（9）高速磨削的砂輪硬度要比普通磨削砂輪硬度低 1~2 級。因為砂輪在高速旋轉下獲得的"動力硬度"高，故硬度應低些。

（10）用冷卻液磨削要比干磨削的砂輪硬度高些。乾磨削時工件易發熱，選砂輪硬度時，要比冷卻液軟 1~2 級。

砂輪硬度分級與代號見表 1-3-2。

表 1-3-2 砂輪硬度分級與代號表

代號	硬度等級
ABCDEF	超軟（大級、小級）
G	軟1
H	軟2
J	軟3
K	中軟1
L	中軟2

代號	硬度等級
M	中1
N	中2
P	中硬1
Q	中硬2
R	中硬3
S	硬1
T	硬2
Y	超硬

3.細微性的選擇

（1）砂輪細微性是磨粒大小的量度。

（2）砂輪細微性的選擇直接影響到工件加工的表面粗糙度及磨削效率。一般來說，用粗細微性砂輪磨削時磨削效率高，但工件表面粗糙度差；用細細微性砂輪磨削時，工件表面粗糙度較好，但磨削效率低。總之，在滿足工件表面粗糙度要求的前提下，應盡量選用細微性較粗的磨具，以保證較高的磨削效率。

（3）砂輪細微性應用範圍見表 1-3-3。

表 1-3-3　砂輪細微性應用範圍表

加工形式	應用範圍	砂輪細微性
粗　磨	磨鋼錠、鍛鑄件、皮革木材、切斷鋼坯等	12#～30#
半精磨	用於平面、外圓、內圓、無心磨等粗磨加工	36#～54#
一般精磨	用於內圓、外圓、平面、無心、工具磨床及各種專用磨床等	60#～100#
精　磨	用於精磨、珩磨、螺紋等	120#～W20
超精磨	精研磨、超精磨、鏡面磨等	W20以下

（3）砂輪細微性號：（磨粒由大到小排列）。

4、5、6、7、8、10、12、14、16、20、22、24、30、36、40、46、54、60、70、80、90、100、120、150、180、220、240、W63、W50、W40、W28、W20、W14、W10、W7、W5、W3.5、W2.5、W1.0、W0.5。

二、砂輪牌號（圖 1-3-13）

圖 1-3-13 砂輪牌號

（1）例如：38A80-KVBE-T1A 180×6.4×31.75 mm M.O.S 33M/S

（2）下面是其詳細的含義：

外徑：180 mm；厚度：6.4 mm；孔徑：31.75 mm；磨料：38A；細微性：80＃；硬度：K；最高工作線速度：33 m/s。

三、砂輪的運輸與保管

（1）砂輪在運輸、搬運過程中應小心輕放，不可重壓，防止震動和碰撞，並禁止在地上滾動。

（2）砂輪使用單位在收到砂輪後，應仔細檢查其是否有裂紋及其他損傷，並認真核對砂輪表面有關商標標誌是否正確、清晰、齊全。

（3）砂輪存放的倉庫應保持乾燥，防止受潮、受凍或過熱，室溫不應低於 5 ℃。

（4）砂輪疊放時，疊放高度一般不超過 1.5 m，防止薄片砂輪存放時變形。

四、砂輪的正確安裝

1.安裝前

（1）應仔細檢查砂輪是否有裂紋和損傷，並用錘子敲擊，聽其是否有啞聲，若發現 有裂紋和啞聲，嚴禁安裝使用。

（2）校對機床主軸轉速是否與砂輪表面標明的最高安全使用速度相符。砂輪使用的最高工作速度不能超過砂輪上標明的速度。

2.安裝時

（1）應使用卡盤緊固，兩卡盤的外徑尺寸必須相等。兩卡盤與砂輪端面之間，應 放上彈性材料製成的厚度為 1~1.5 mm 的石棉墊、橡膠板或紙板等，並在卡盤圓周外部 伸出 1 mm 以上。

（2）砂輪孔徑與機床主軸的配合鬆緊要適當，間隙不宜過大。

（3）砂輪、砂輪主軸襯墊和砂輪卡盤安裝時，相互配合壓緊面應保持清潔，無任何 附著物。

（4）外徑為 250 mm 及以上的砂輪，裝上卡盤後應先進行靜平衡，再安裝到磨床上 進行修整，修整後應再次進行平衡，合格後方可使用。

（5）緊固砂輪時，只允許使用專用手動螺母扳手擰緊螺母，嚴禁使用補充夾具或 敲打工具，如有多個壓緊螺釘時，應按對角順序旋緊，旋緊力要均勻。緊固時，應注意 螺母或螺釘的鬆緊程度，壓緊到足以帶動砂輪並不產生滑動的程度為宜，防止壓緊過 度造成砂輪破損。

五、砂輪的安全使用

1.使用前

（1）在開動機床前，應檢查機床的防護裝置及各種動作的重定開關是否調整到位元，檢查相應裝置是否牢固。

（2）使用的防護罩，應至少罩住砂輪直徑的一半。

（3）砂輪安裝於加工時，禁止使用杠杆推壓工件來增加對砂輪的壓力。

（3）磨削加工或修整砂輪時，進刀量要適當，並使用專門修整工具修整砂輪。同時，應佩帶防護工具。

（4）在砂輪停止轉動前應將冷卻液關閉，砂輪繼續旋轉至磨削液甩盡為止，以免影響砂輪的平衡性能。

（5）禁止使用對磨具結合劑有破壞性的切削液。不准在溫度低於 0°C的地方使用冷卻液。

六、平面加工的方法

　　（1）粗加工—精加工。
　　（2）粗加工—半精加工—精加工。

七、平面的檢測方法

1.一個合格的平面應該滿足的基本條件
（1）尺寸公差；
（2）平面度；
（3）表面粗糙度（表面光潔度）。

2.檢測平面所需的儀器

　　平面加工用以測量尺寸公差、平面度常用的量具有：電子高度規、分釐卡、（百分、千分）卡尺、量表電子高度規（如圖 1-3-14 所示）等。而平面加工中用於表面粗糙度的檢 測則用標準塊或憑經驗目測。

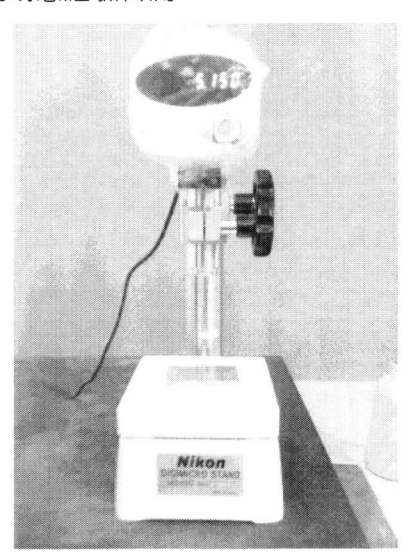

圖 1-3-14 量表電子高度規

3.檢測平面注意事項

　　研磨平面時，粗磨和半精磨所留取的餘量是指在擁有一定的平面度和光潔度的情況下，所測的數值應該為該平面的最低點尺寸。研磨平面時測量尤為重要，選擇合適的測量時機是研磨好平面的又一個重要因素，平面研磨時因摩擦發熱容易使工件產生熱脹冷縮或應力集中而發生變形，所以研磨中應注意工件的冷卻。研磨平面所需測量和冷卻時機，見表 1-3-4。

表1-3-4　研磨平面所需測量和冷卻時機表

研磨類型	測量次數	測量時機	冷卻時機及方法	備註
粗磨	三次	(1)毛坯料需要測量餘量 (2)粗磨見光需測量 (3)去除較多餘量後需測量 (因砂輪磨損較大)	(1)研磨至大約還有0.2 mm餘量時需冷卻 (2)研磨完畢確認餘量前需冷卻	測量時，工件應處於冷卻狀態
半精磨	兩次	(1)研磨見光80%左右需測量 (2)半精磨完畢後需測量確認餘量	研磨完測量前需冷卻	
精磨	三次	(1)對刀見光後需測量 (2)預計尺寸到位需測量 (3)完工出貨前確認需測量	(1)加工中隨時冷卻防止燒刀 (2)測量前需冷卻	

 任務評價

表1-3-5　研磨加工平面的評價表

評價內容	評價標準	分值	學生自評	教師評價
參與討論、練習情況	主動投入，積極完成學習任務	20分		
出勤	無遲到、早退、曠課	10分		
小組成員合作情況	服從組長安排，與同學分工協作	10分		
任務完成情況	基本熟悉平面研磨流程及檢測	40分		
安全、文明實習	不打鬧，不隨意亂動設備工具	20分		
學習體會				

項目二　基本六面體的成型加

本項目主要介紹磁台的修整、檢測，六面體的不同研磨方法，要求學生能夠運用相關知識，正確進行六面體的研磨操作。該項目以基本 六面體成型加工為例講解相應知識。

目標類型	目標
知識目標	(1)掌握修整磁台的參數選擇 (2)掌握修整磁台的過程及其檢測 (3)掌握利用正角器研磨六面體的操作過程 (4)掌握利用擋塊研磨六面體的操作過程
技能目標	(1)能正確修整磁台並進行檢測 (2)能正確用正角器研磨六面體 (3)能正確用精密平口虎鉗研磨六面體 (4)能正確用擋塊研磨六面體
情感目標	（1）會思考六面體是如何加工出來的，樹立基準面是前提的意識 （2）在學習過程中，能養成吃苦耐勞、嚴謹細緻行為習慣 (3)在小組協作學習過程中 提升團隊協作的意識

任務一 修整磁台

 **任務目標**

（1）會修整磁台、選擇砂輪，能正確修整砂輪。
（2）瞭解磁台修整的操作過程。

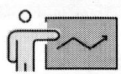 **任務分析**

磁台作為我們加工的基準，使用一段時間後由於變形及磨損需要重新修復以達到精度要求。

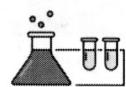 **任務實施**

一、砂輪的選擇

修整磁台常用的砂輪是 46K 的砂輪，如圖 2-1-1 所示。在選擇砂輪時，應該儘量選擇外徑較小的砂輪，因為大平面加工最怕發熱變形，單位時間內，一個直徑較大的砂輪，在同一轉速下加工比一個直徑較小的砂輪產生的熱量要多很多。

圖 2-1-1　砂輪牌號（46K）

二、吸磁

將磁台的磁力手柄順時針轉動吸上磁力。因為在平常的加工中磁台是處於吸磁狀態下，所以必須保證磁台在吸磁狀態下是平的，如圖 2-1-2 所示。

磁力扳手在右邊，表示磁台已吸磁

圖 2-1-2　磁台已吸磁

三、砂輪的修整

（1）將砂輪裝於主軸上，空轉 2 min。

（2）調節上下手柄使砂輪最低點高於修刀尖。

（3）通過左右、前後手柄使修刀尖處於砂輪正下方向左偏移 5～10 mm。

（4）用透光法轉動上下手柄使砂輪底部與修刀尖慢慢接近，耳聽"吱"的聲音，說明已經接觸。

（5）根據加工需要選擇合理的參數進行修整；在修整過程中，禁止移動左右手輪，如圖 2-1-3 所示。

模具零件成型磨削操作

底面修刀　　搖動前後手輪,使磁台前後
　　　　　　循環移動修整砂輪底部
　　　　圖 2-1-3　修整砂輪

四 對刀

將修整好的砂輪在磁臺上對刀,用透光法使砂輪的最低點與磁台接近,再在磁台左上角上依次塗上漆筆、粉筆,然後以每次 0.001mm 的速度進刀。直至粉筆擦掉,記號筆顏色變淺,最後聽到聲音為止,如圖 2-1-4 所示。

砂輪的最低點與磁台接觸

圖 2-1-4　對刀操作

五、修整磁台

修整磁台時，粗修整時砂輪轉速一般為 2000～2400r/min，進刀量為 0.001～0.005mm；精修整時砂輪轉速一般為 1800～2400r/min，進刀量為每次 0.001mm。修整時，左右、前後手輪搖動必須均勻一致，絕對不可使旋轉的砂輪在磁臺上停留，否則會在磁臺上"燒刀"或"吃刀"而導致磁台不易修整平。在磁台的修整過程中，必須眼觀、耳聽，不可有火花出現。若聲音突然變大或磁臺上銅的部分有黏附到鐵，說明砂輪已鈍，必須馬上重新修整砂輪，不可繼續修整磁台，否則磁臺上發熱不一致，可能會導致磁台更難以修整平，如圖 2-1-5 所示。

圖2-1-5 修整磁台操作

六、磁台修整好後的檢測方法

1.用千分錶檢測

將杠杆千分錶（表頭必須為紅寶石頭）安裝於磁力杠杆表座上，再將磁力座吸附於磨床機身或砂輪防護罩上，將錶針置於磁台平面上，搖動前後、左右手輪。目測表針跳動狀況加以檢測，檢測結果錶針跳動在 0.002mm 內即為合格，如圖 2-1-6 所示。

模具零件成型磨削操作

磁台左右勻速移動

圖 2-1-6　磁台檢測操作

2.塗記號筆檢測

在修整好的磁臺上用漆筆塗上交叉紋,轉動砂輪上下不進刀而空走一刀,目視記號筆擦掉情況,若擦去均勻則說明磁台已修整平,若不均勻則說明磁台未修整平,需要繼續修整。

相關知識

一、修整磁台的注意事項

（1）對刀。對刀時應小心謹慎,應該選用磁台的邊緣部位對刀,以免傷到磁台的工作部位。

（2）粗修整。將砂輪轉速調至 2000～2400r/min,按 0.005～0.001mm 進刀量粗修整一次磁台（必需吸磁）。

（3）精修整。將砂輪轉速調至 1800～2400r/min,每次進刀量 0.001mm 左右,前後走刀連續均勻,砂輪不可在磁臺上停留。在修整的過程中可以在磁臺上加潤滑油研磨,這樣可以使磁台在修整的過程中減少摩擦和發熱量。

（4）檢測磁台時,磁台必須處於冷卻狀態。

（5）在修整過程中,若砂輪鈍化,應該及時修整砂輪,不可使用鈍化的砂輪繼續修整磁台。

（6）在磁台修整的過程中，磁台平面度超過 0.015 mm 或機台搬遷後應先將砂輪粗修或半精修後修整磁台，平面度相差較小時應該先半精修或精修砂輪後修整磁台。

二、磁台的維護

（1）修整好磁台後，在加工中應該注意保護，儘量避免碰傷、劃傷磁台。一天使用完或長期不用時，必須上油（1405 導軌油），以避免磁台生銹影響精度。

（2）磁台修整是研磨加工中的重要環節，一般在粗磨去除大量餘量後磁台會有較大的發熱，從而導致磁台變形，在精磨前必須先將磁台修平後再開始精加工。使用不平的磁台加工工件對工作效率及加工品質都有較大的影響。

任務評價

表 2-1-1 磁台的修整評價表

評價內容	評價標準	分值	學生自評	教師評價
參與討論 練習情況	主動投入，積極完成學習任務	20分		
出勤	無遲到、早退、曠課	10分		
小組成員合作情況	服從組長安排，與同學分工協作	10分		
任務完成情況	基本熟悉磁台修整流程及檢測	40分		
安全、文明實習	不打鬧，不隨意亂動設備工具	20分		
學習體會				

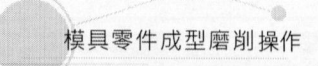

任務二　研磨加工六面體

任務目標

（1）能正確利用正角器研磨出如圖 2-2-1 所示鑲件，並達到所需技術要求。
（2）能正確利用精密平口虎鉗研磨出六面體，並達到所需技術要求。
（3）能正確利用擋塊研磨出六面體，並達到所需技術要求。

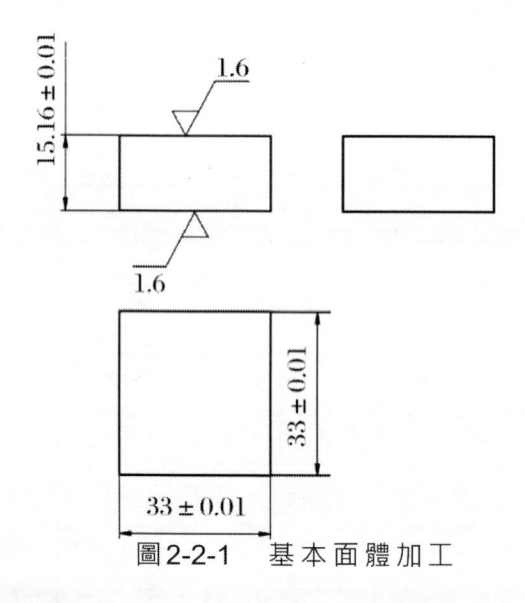

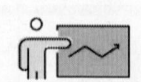

圖2-2-1　基本面體加工

任務分析

工件的正角即工件的垂直度，影響到工件各尺寸精度，在加工中非常重要。在精密模具加工中，工件的垂直度通常要求達到 0.002mm 內，因此用傳統的直角尺來檢測的方法完全達不到要求。要想達到較高的垂直度要求必須要有一種技高一籌的方法。本任務工作流程如下：選用砂輪和修刀、選擇合理的加工參數、確定基準面、裝夾工件、研磨其餘 4 面、檢測平面。

項目二 基本六面體的成型

任務實施

一、利用正角器加工六面體的步驟

（1）將工件兩大基準面（A 面與 A 對面）磨平，平面度保證在 0.002mm 內，作為裝夾的基準。

（2）選擇合適的正角器，將工件按如圖 2-2-2 所示裝夾於正角器中。裝夾時，注意工件 B、C 面必須露出正角器外，以便研磨，A 面必須用高度規或千分錶檢測平面度在 0.002mm 內，再選擇合適的壓板壓緊工件於正角器上。

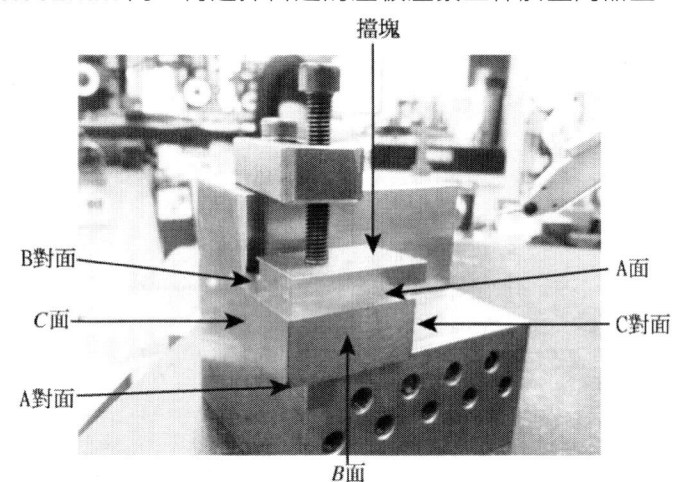

圖2-2-2 正角器裝夾工件

（3）粗磨時，必須按如圖 2-2-3 所示擺放，因為砂輪的切削方向受力較大，所以應以正角器大面作為前端擺放，防止在加工中工件鬆動。

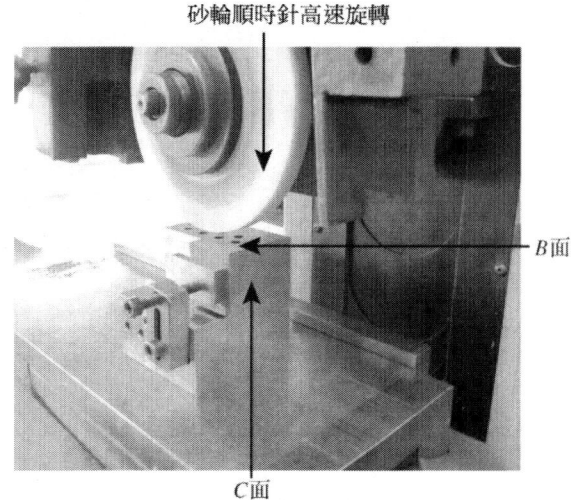

圖2-2-3 磨削 B 面

（4）在精磨時，應該注意先加工 B 面再加工 C 面，最後再磨削 B 面，防止加工 B 面時 C 面有鬆動。此種方法稱為"B+C+B"加工方法，如圖 2-2-4、圖 2-2-5、圖 2-2-6 所示。

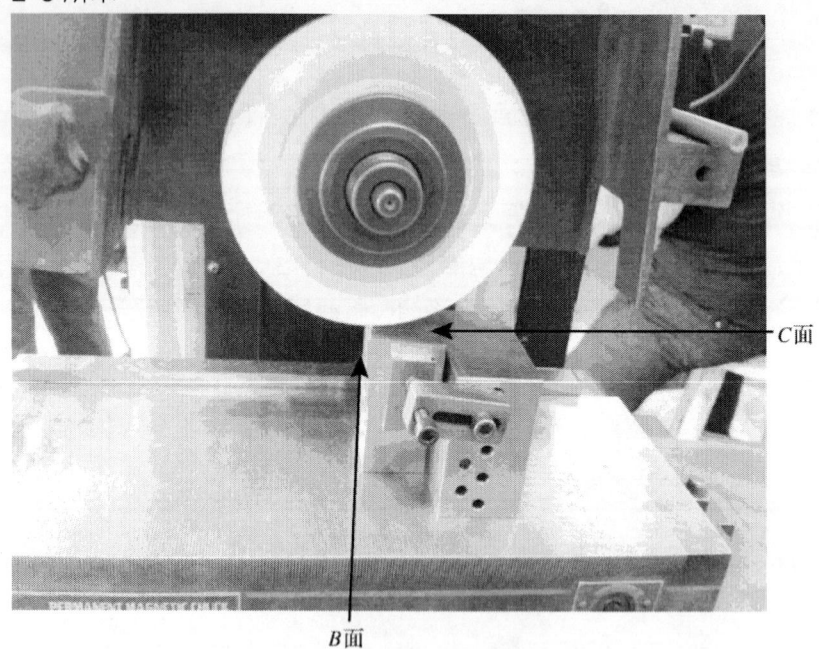

C面

B面

圖2-2-4　磨削C面

砂輪順時針高速旋轉

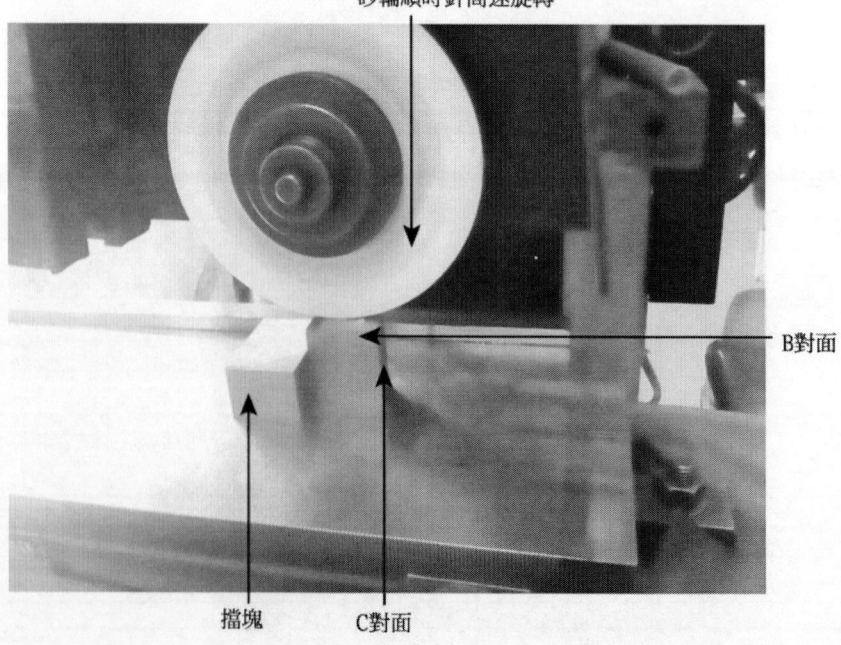

B對面

擋塊　C對面

圖2-2-5　磨削B對面

項目二 基本六面體的成型

砂輪順時針高速旋轉

C對面

擋塊 B對面

圖 2-2-6 磨削 C 對面

（5）精磨完成後用漆筆在工件的加工面上畫交叉紋，不進刀而空走一刀，目測漆筆的痕跡擦掉是否均勻或用高度規或千分錶檢測平面度是否在 0.002 mm 內，如圖 2-2-7 所示，若在則將工件取下。否則重新研磨。

圖 2-2-7 尺寸檢測

小提示

加工好的基準面和打好直角的面不可再加工，否則會將前面加工好的垂直度破壞掉。

35

二、正角器使用的注意事項

（1）正角器使用前必須清潔乾淨，且沒有毛刺。

（2）壓板的壓頭處和螺絲處必須墊上一塊薄墊塊，防止壓傷工件和正角器。

（3）正角器使用中必須輕拿輕放，不可碰傷，用後必須上油。

（4）正角器表面必須保持較好的平面度，不可把正角器作為錘子使用。

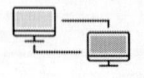

相關知識

一、正角器

（1）正角器的自身精度為 0.002 mm，一般用於抓直角要求在 ±0.005 mm 內的工件。

正角器一般根據斷差不同分為三個形狀，分別是"T"型"、L"型"、X"型，如圖 2-2-8 所示。

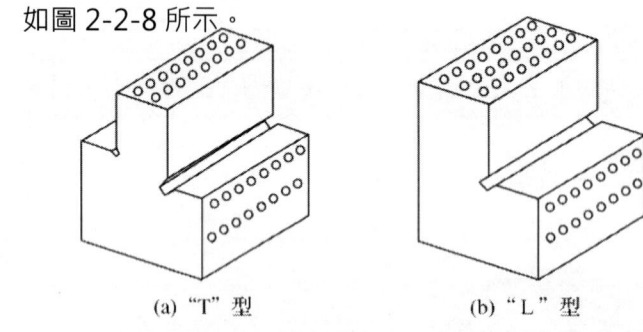

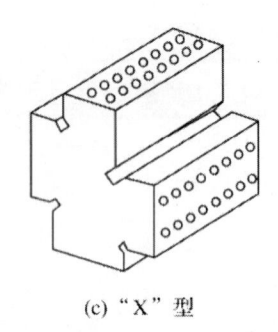

(a) "T" 型　　(b) "L" 型　　(c) "X" 型

圖 2-2-8 正角器類型

（2）正角器在使用時還應該配有壓板和螺絲，壓板一般也有三種，如圖 2-2-9 所示。

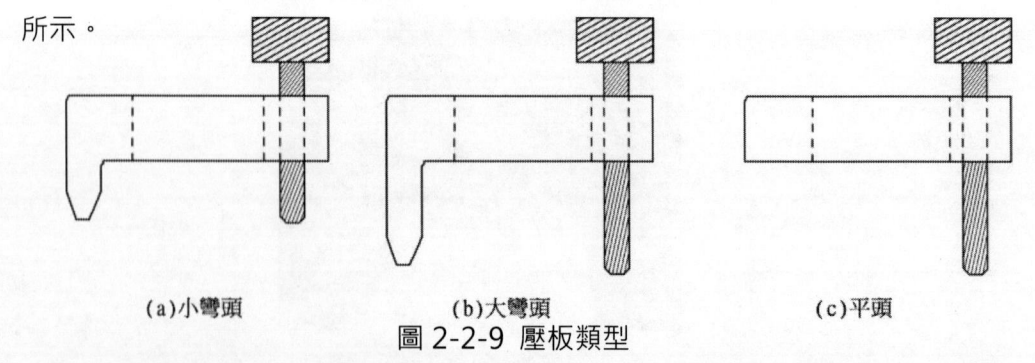

(a)小彎頭　　(b)大彎頭　　(c)平頭

圖 2-2-9 壓板類型

（3）壓板上可以安裝兩個螺絲（如圖 2-2-9 所示螺絲處和左邊兩條虛線間），左邊螺絲為可以移動位置的壓緊螺絲，右邊螺絲為水準調整螺絲。

（4）壓緊前壓板必須與正角器底面大致平行，否則壓緊時不易壓平，並且壓板彎頭的位置應該處於正角器端差的中間部位，如圖 2-2-10 所示。

項目二 基本六面體的成型

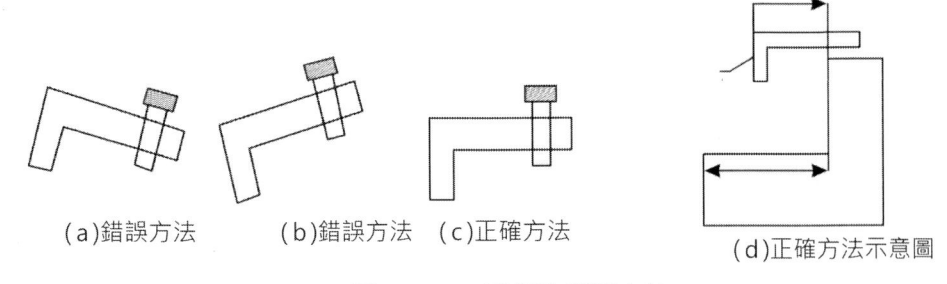

(a)錯誤方法　(b)錯誤方法　(c)正確方法　(d)正確方法示意圖

圖 2-2-10　壓板位置及方法

二、利用精密平口虎鉗研磨六面體

1.精密平口虎鉗的規格

平口虎鉗，形狀如圖 2-2-11 所示，其規格根據外形不同大小各異，自身正角精度為 0.005mm，一般用於加工垂直度要求在 0.01mm 以內的工件或粗抓六面體，平口虎鉗各部位名稱如圖 2-2-12 所示。

圖 2-2-11　平口虎鉗

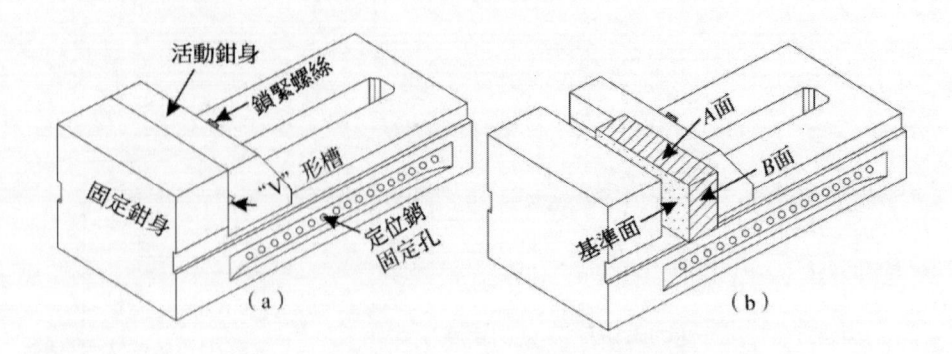

圖 2-2-12 平口虎鉗及各部位名稱

2.精密平口虎鉗的使用方法

將工件兩大基準面加工完成後，毛刺去乾淨，再把工件置於虎鉗的兩個工作面之間，注意必須將加工好的兩個基準面與虎鉗的工作面完全貼平。最後鎖緊螺絲將露出的兩個面見光，同樣採用"B+C+B"的加工方法加工。見光後的工件的正角就加工完成了。虎鉗上面的"V"形槽是用來夾持圓棒的。

3.精密平口虎鉗的使用注意事項

（1）使用虎鉗之前應先去盡虎鉗上的防銹油及各基準面的毛刺。

（2）在使用過程中，應注意不可在虎鉗上對刀或失誤撞刀。

（3）虎鉗在使用的過程中，螺絲鎖緊後應保證螺絲與虎鉗上的大斜面垂直。

（4）在使用的過程中虎鉗的固定鉗身必須處於機台磁台的右邊。

（5）使用時，工件必須夾緊。

（6）不可將虎鉗當錘子使用。

（7）使用完虎鉗後，應將虎鉗所有部位清潔乾淨並上油歸位，防止生銹。

三、用擋塊研磨六面體

（1）此方法用於粗抓直角，擋塊的自身精度很高，直角度可以達到0.002mm，用多塊擋塊夾持工件粗抓直角效率很高。

（2）擋塊從外觀上看其實就是一個六面體，但是它的表面紋路與工件不同，是交叉紋。交叉紋的作用：一是區別於工件，在加工工件時，當工件大小與擋塊差不多的情況下避免工件和擋塊混淆；二是通過紋路的磨損狀況，肉眼觀察擋塊各面的平面度及垂直度。常用擋塊的材質為 SKD61，此材料吸磁能力較其他材料強，故選用此材料為擋塊材料。

(3) 常規的擋塊尺

50×30×1　　50×30×2　　50×30×3
50×30×5　　50×30×8　　50×30×10
50×30×12　 50×30×15　 50×30×20
50×30×25　 50×30×30　 50×30×40

（4）擋塊的作用是用於在加工中將工件牢牢地固定在磁臺上，在加工過程中起到穩固工件的作用。

（5）使用擋塊的注意事項。

①在使用擋塊前，應先將擋塊上的防銹油去淨，並去毛刺。

②選用擋塊的高度必須高於工件的 2/3，防止在加工過程中不能將工件擋緊導致工件移動。

③原則上一次使用擋塊的數量不超過兩塊（特殊情況除外）。

④不可將擋塊當成墊鐵或錘子使用。

⑤擋塊用完後應立即上油歸位。

（6）使用方法。

①將工件兩大基準面加工好後將毛刺去淨，並將工件清潔乾淨。選擇兩塊厚度合適的擋塊，如圖 2-2-13 所示將工件裝夾於磁臺上。

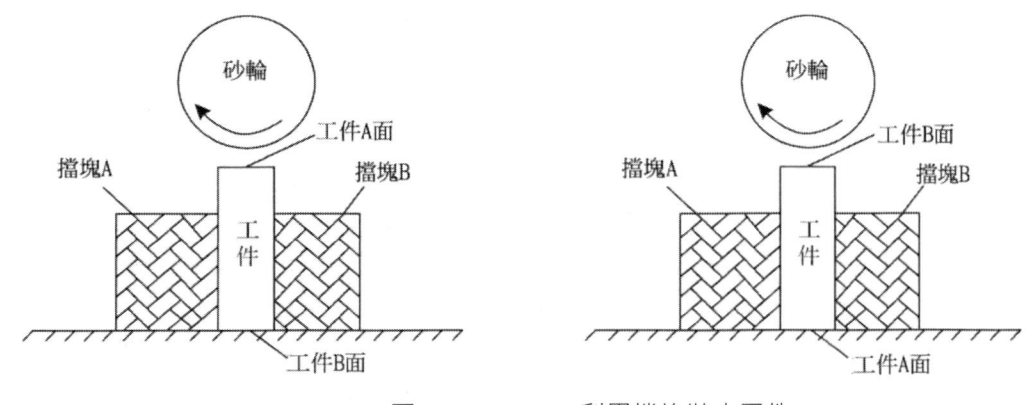

圖 2-2-13　　利用擋塊裝夾工件

②按圖 2-2-13 所示將工件的四個面（兩個基準面和 A、B 兩面）加工好後，再按如圖 2-2-14 所示將工件的剩餘兩面粗抓直角。

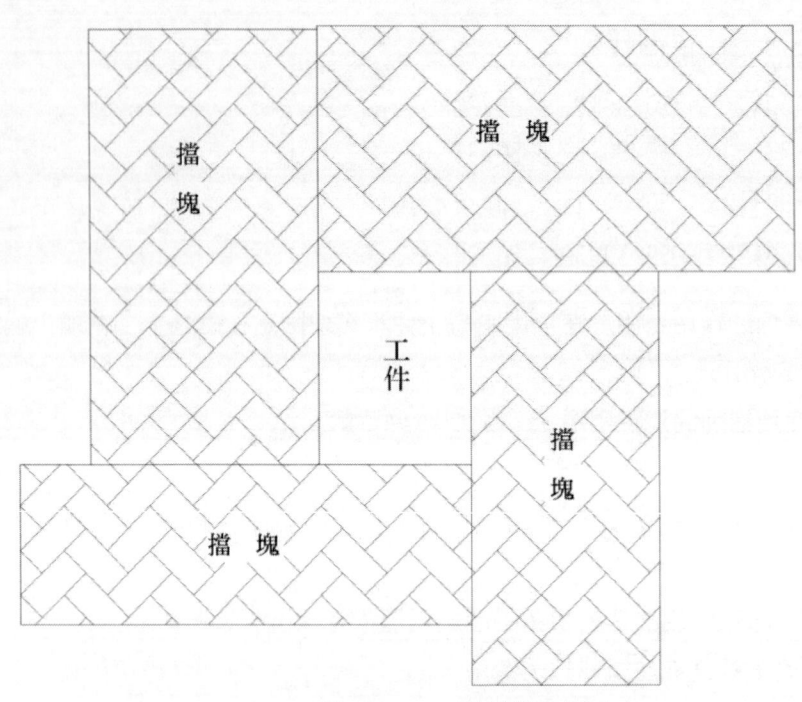

圖 2-2-14　利用擋塊抓直角

(7) 注意事項。

①此加工方法只適用於粗抓直角，不可用於精抓直角。

②擋塊的大小必須合適。

③擋塊必須將工件夾緊，並且在加工中隨時注意工件有無鬆動。

④粗抓直角後的工件外形必須留有足夠餘量用於精抓直角。

任務評價

表 2-2-1　研磨加工六面體的評價表

評價內容	評價標準	分值	學生自評	教師評價
參與討論、練習情況	主動投入 積極完成學習任務	20分		
出勤	無遲到、早退、曠課	10分		
小組成員合作情況	服從組長安排，與同學分工協作	10分		
任務完成情況	基本熟悉利用正角器研磨六面體的流程及檢測	40分		
安全文明實習	不打鬧，不隨意亂動設備工具	20分		
學習體會				

項目三　典型斷差和直槽的成型加工

　　本項目主要介紹典型斷差與直槽的成型加工，要求學生能正確地進行斷差和直槽研磨加工。

目標類型	目標
知識目標	(1)掌握修整粗 細砂輪的參數選擇 (2)掌握斷差及直槽的檢測 (3)掌握斷差成型加工的操作過程 (4)掌握直槽成型加工的操作過程
技能目標	(1)能正確修整粗砂輪 (2)能正確修整細砂輪 (3)能正確研磨斷差 (4)能正確研磨直槽
情感目標	(1)會思考斷差的成型加工和直槽的加工 (2)在學習過程中，能養成吃苦耐勞、嚴謹細緻的行為習慣 (3)在小組協作學習過程中,提升學生團隊協作的意識

任務一　加工典型斷差

任務目標

（1）會選擇粗、細砂輪並能正確修整。
（2）掌握斷差的操作流程及其檢測。
（3）能正確加工出如圖 3-1-1 所示的斷差，並達到所需技術要求。

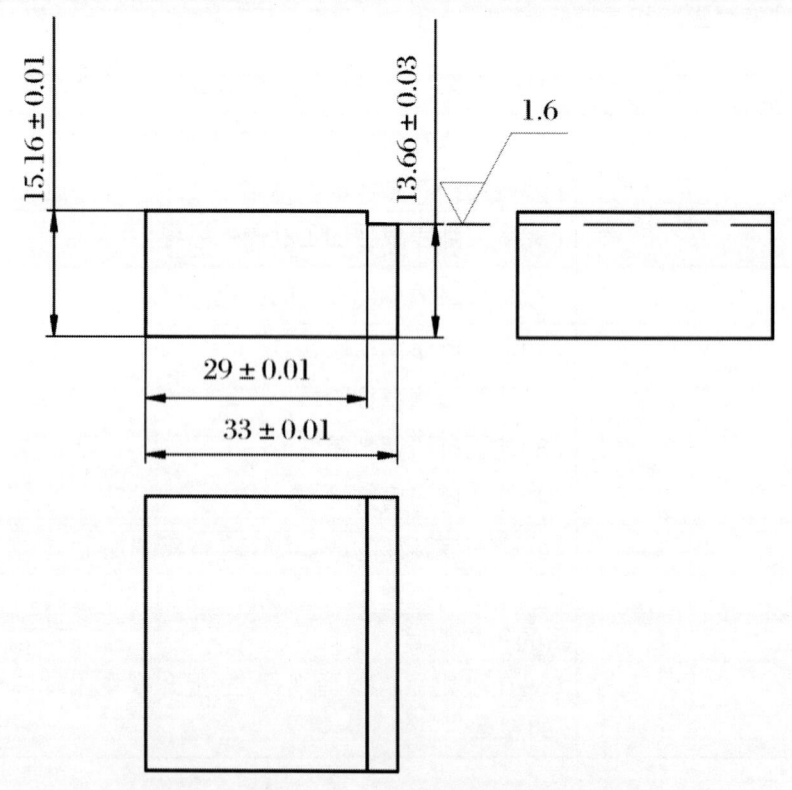

圖 3-1-1　典型斷差的加工示意圖

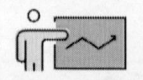

任務分析

本任務工作流程如下：選用粗砂輪和修刀並進行修整，選擇合理的粗切加工參數，裝夾工件，前後方向和上下方向各自對刀，粗加工；選用細砂輪和修刀並進行修整，選擇合理的細切加工參數，裝夾工件，前後方向和上下方向各自對刀，最後精加工並檢測。

項目三 典型斷差和直槽的成型

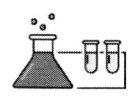

任務實施

一、粗切

1.選擇條件

（1）斷差底面很長時（L ≥13.5 mm），用 46K 砂輪粗切。如圖 3-1-2 所示。

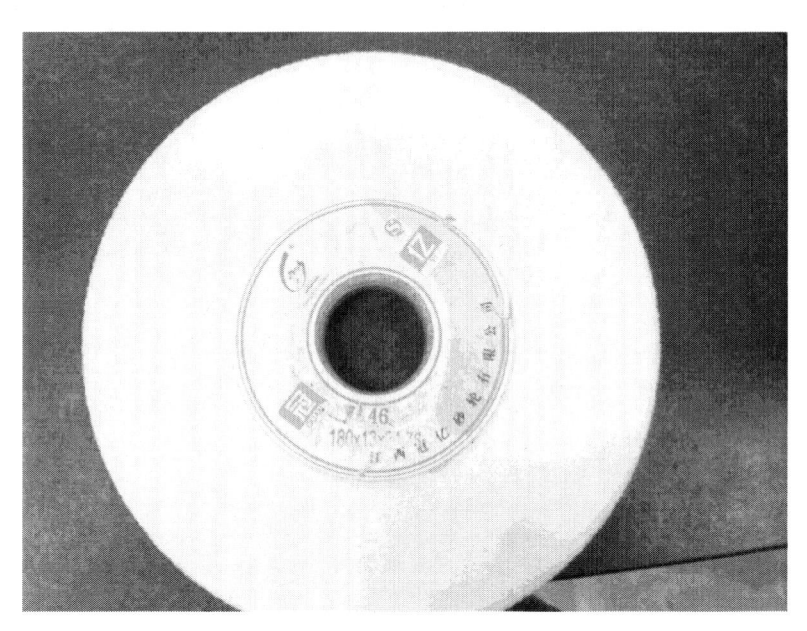

圖3-1-2　46K 砂輪牌號

（2）砂輪轉速選擇高速，以增大切削力，一般選擇 3000 r/min 以上，進刀量每次 0.01～0.02 mm。

（3）盡可能選擇直徑較大的砂輪，以增大其切削力，減少磨損。

（4）餘量控制：粗切時所留的餘量直接影響到精加工品質，餘量太少會導致精加工時不能全部將粗加工痕跡去掉而導致工件報廢，餘量太多又會造成精切時工件變形或餘量無法去除又需要再次粗切，影響加工效率，所以留量必須嚴格遵循標準。工件斷差的側面留量 0.08～0.15 mm，底部留量 0.02～0.03 mm。此留量標準是指工件無變形或變形較小，且處於冷卻狀態下的留量值。

2.修整砂輪底部(圖3-1-3)

砂輪順時針高速旋轉

底面修刀　搖動磁台手輪，使磁台前後
　　　　　循環移動修整砂輪底部

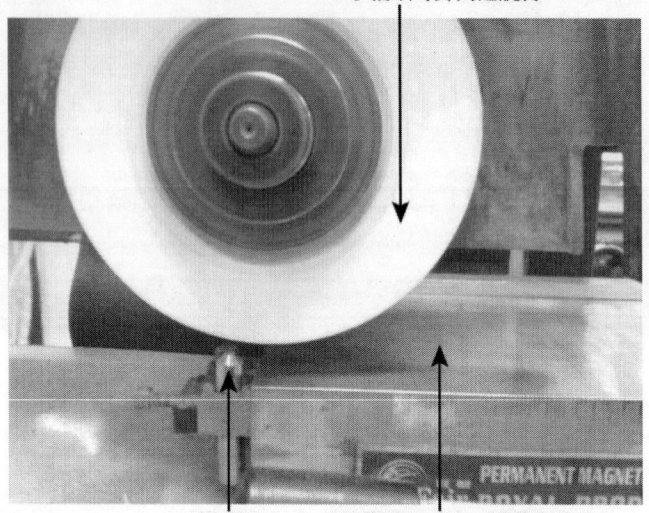

圖3-1-3　修整砂輪底部

3.修整砂輪側面(圖3-1-4)

修面修刀，用來修整砂輪
修面以便於加工斷差

圖3-1-4　修整砂輪側面

（1）對刀，如圖3-1-5（a）所示。

　　將側面修刀座吸緊於磁臺上，修刀尖對準需要修整的砂輪側面，移動機台前後手柄將修刀尖慢慢靠近砂輪側面，當聽到有修刀接觸到砂輪的聲音時將機台前後方向 數顯歸零。

（2）粗修整砂輪，如圖 3-1-5（b）所示。

將砂輪轉速調至 1800～2400 r/min，移動至修刀尖以上的位置，然後將修刀尖向 砂輪每次 0.02～0.2 mm 移動，再在移動左右手輪的同時將砂輪均勻向下移動修整砂 輪，上下方向進刀最高點要逐次降低，防止砂輪將修刀尖撞掉。最終將砂輪側面大致 修平。砂輪修整的高度必須高於需要加工的斷差深度 3 mm 左右。

（3）精修整砂輪，如圖 3-1-5（c）所示。

砂輪粗修整好後，將砂輪轉速調至 2400～3000 r/min，移動至修刀尖以上位置，然 後將修刀向砂輪每次 0.001～0.01 mm 進刀，再將砂輪均勻向下移動，同時左右往返移 動修刀修整砂輪，使砂輪側面細膩平整。

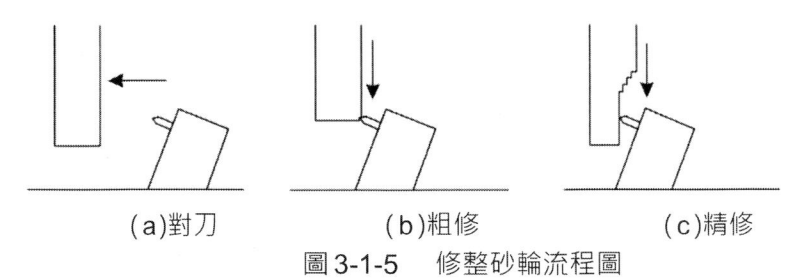

(a)對刀　　(b)粗修　　(c)精修
圖 3-1-5　修整砂輪流程圖

小提示

當砂輪厚度修至 0.8 mm 以下時，必須使用較鋒利的修刀精修。判斷砂輪修好的標準是：空修時聲音小而連續均勻，退刀 0.001 mm 時聽不到聲音。

4.裝夾

粗切砂輪修好後將工件裝夾於磁臺上。上下方向對刀，將數顯歸零，如圖 3-1-6 所示。

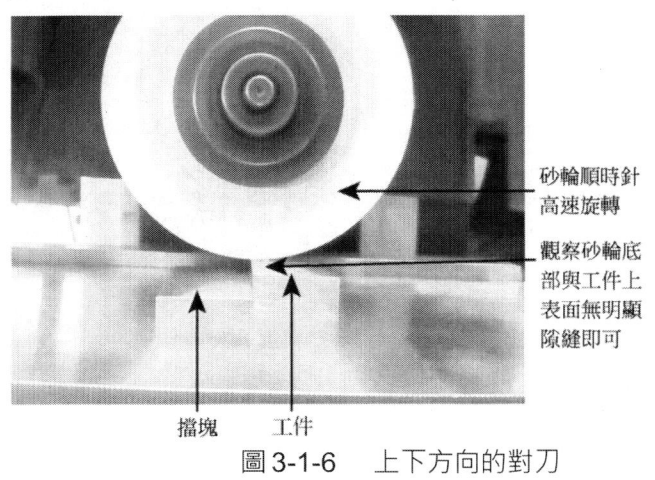

砂輪順時針高速旋轉

觀察砂輪底部與工件上表面無明顯隙縫即可

擋塊　工件
圖 3-1-6　上下方向的對刀

模具零件成型磨削操作

5.前後方向對刀,將數顯歸零(圖 3-1-7)

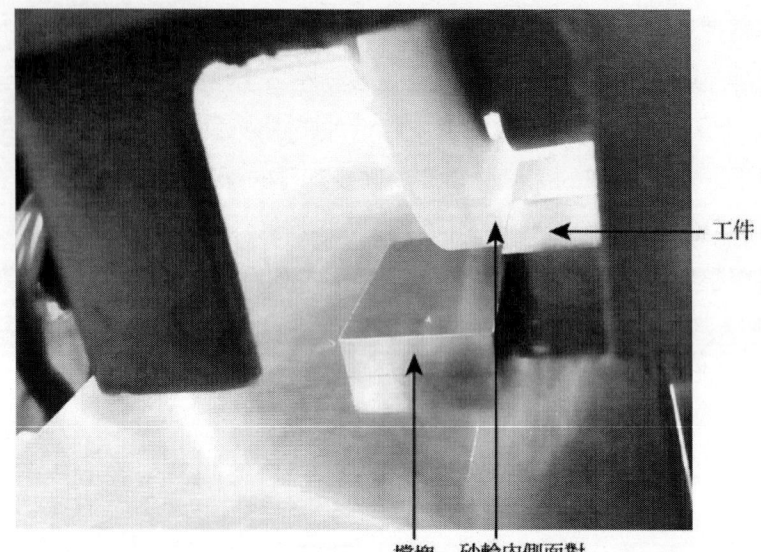

圖 3-1-7　前後方向的對刀

6.粗加工(圖 3-1-8)

將砂輪移到所需加工的尺寸處(此尺寸含餘量)。向下粗切至底面剩 0.1 mm 餘量。

圖 3-1-8　粗磨削斷差

7.冷卻斷差後再加工（圖 3-1-9）

多次冷卻後緩慢進刀至設定值，最終保證底部餘量 0.02～0.03 mm。

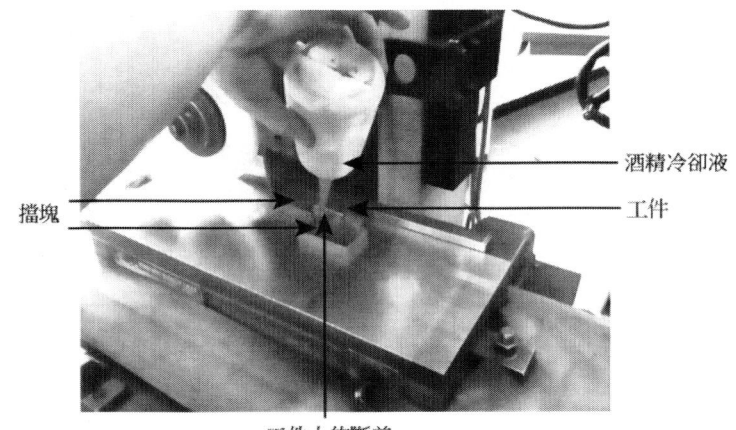

圖 3-1-9　冷卻斷差後再磨削

二、精切

1.條件設定

（1）砂輪選擇：一般情況下，精切斷差應該選用 100K、120K、180K 的砂輪，如圖 3-1-10 所示。

（2）砂輪轉速選擇：一般情況下，加工側面時砂輪轉速為 3000～3300 r/min。加工底部時砂輪轉速為 1800～2400 r/min。

（3）進刀量：加工側面時，進刀量為每次 0.002～0.01 mm；加工底部時，進刀量為每次 0.001～0.002 mm。

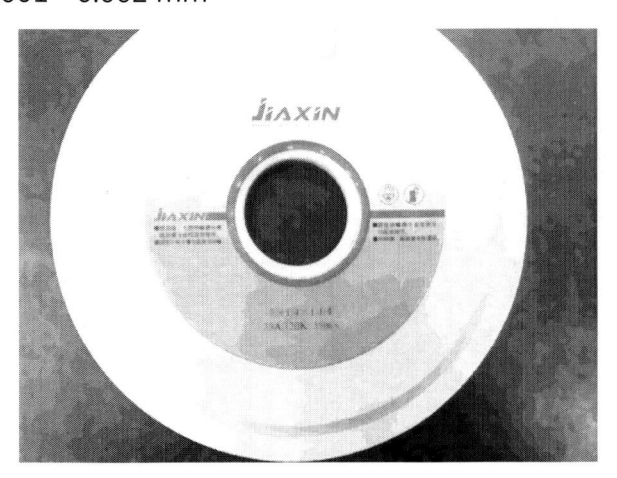

圖 3-1-10　120K 精砂輪牌號

2. 修整精砂輪底部（圖3-1-11）

砂輪順時針高速旋轉

精砂輪

搖動前後手輪，讓磁台前後循環移動

底面修刀

圖3-1-11　修整精砂輪的底部

3. 修整精砂輪內側面（圖3-1-12）

側面修刀，修整精砂輪內側面

圖3-1-12　修整精砂輪的內側面

4.上下方向對刀（圖 3-1-13）

精砂輪修整好後，將工件裝夾於磁臺上。上下方向對刀，將數顯歸零。

擋塊　砂輪底面　工件
　　　對工件上
　　　表面

上下方向對刀　圖 3-1-13

5.前後方向對刀(圖 3-1-14)

前後方向對刀 將數顯歸零。

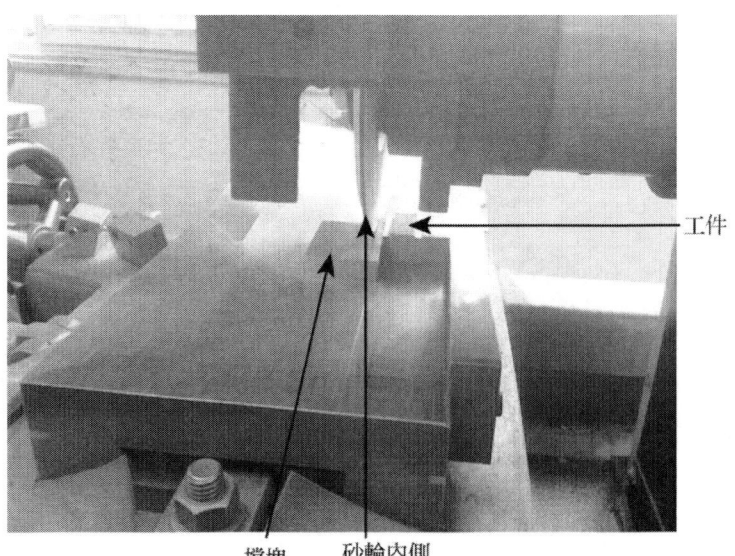

工件

擋塊　砂輪內側
　　　面對工件
　　　外側面

圖 3-1-14　前後方向對刀

6.精磨削（圖 3-1-15）

將砂輪移至所需加工位置處，向下切至所需位置處。

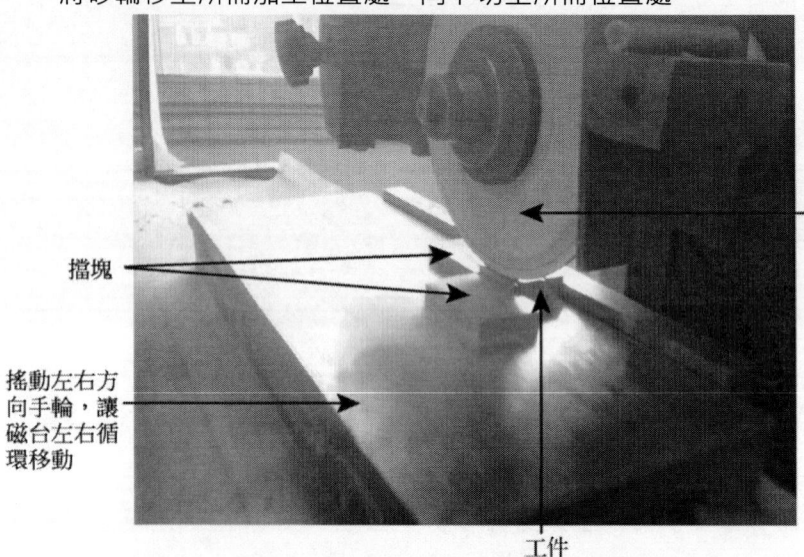

圖 3-1-15 精磨削斷差

7.工件成型測量（圖 3-1-16、圖 3-1-17、圖 3-1-18）

將工件取下冷卻後測量工件是否加工到位。若不到位，則繼續加工到要求尺寸為止。

圖 3-1-16 深度方向尺寸的測量 　　圖 3-1-17 寬度方向尺寸的測量

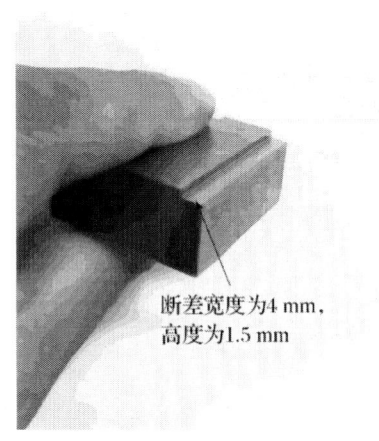

圖 3-1-18 斷差成型加工完成圖

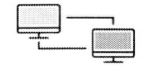

相關知識

一、靠板與磁台的用途

靠板是固定在機台磁台側面上，作為前後方向（即 Y 軸）工件裝夾定位的基準。磁台是上下方向（即 X 軸）工件裝夾定位的基準，靠板形狀有兩種，如圖 3-1-19 所示。

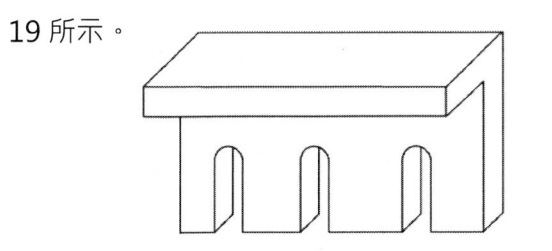

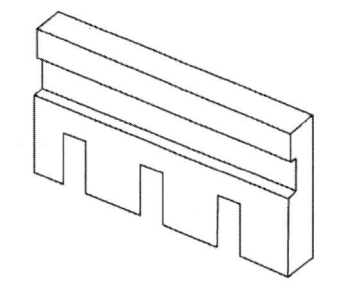

圖 3-1-19 靠板形狀

二、側面修刀

（1）側面修刀由側面修刀座和鑽石修刀組成。

（2）在工作時，側面修刀座的擺放如圖 3-1-20 所示；避免鑽石修刀尖和砂輪側面垂直接觸，是為了保證修刀尖磨損後稍微轉動一下修刀尖角度便有新的銳刃產生，以延長修刀的使用壽命。

圖 3-1-20　側面修刀

三、斷差的種類

常見的斷差有：直角斷差、圓弧斷差、斜面斷差、異型斷差。如圖 3-1-21 所示。

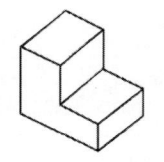

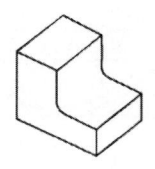

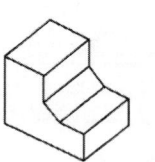

(a)直角斷差　　(b)圓弧斷差　(c)斜面斷差　　　(d)異型斷差

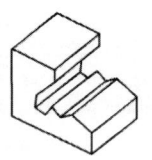

圖 3-1-21　斷差種類

四、斷差加工

按其斷差的深淺及面積大小來確定是否需要粗切，其判定標準是：

1.斷差是否很深

（1）直接精切會導致發熱溫度高而不能保證尺寸。

（2）直接精切時切不動，工件有可能燒傷變形。

2.斷差面積是否很大

（1）直接精切，會造成工件變形，不能保證尺寸。

（2）直接精切，砂輪不易切削。

3.斷差是否導致工件變形

工件斷差雖然不深，面積也不大，卻會導致工件變形（如薄片工件），針對以上情況，對工件進行判斷後，應在確保加工品質的基礎上選擇最快的加工方法——粗切。

4.精切的目的按照要求將工件的尺寸、形狀、位置、表面粗糙度均保證在要求範圍之內。其加工的特點是：進刀量小、切削速度慢、發熱溫度低、砂輪損耗慢。

項目三 典型斷差和直槽的成型

五、修靠板的方法

1.裝靠板

（1）清潔靠板與磁台，將靠板放置於磁台的後側面。

（2）鎖緊螺釘，鎖緊力不可太大，用手稍微用力即可，否則容易將螺紋孔滑絲損壞。

（3）靠板與磁台間應留 1mm 左右間隙。

2.修整

選用 46K 的砂輪修整成剔邊砂輪，將砂輪底部下降到離磁台 0.01～0.1mm 處，再移向靠板，通過在靠板上對刀來修整靠板，每次進刀量為 0.001～0.002mm，修整時在靠板上塗上記號筆，待記號筆修掉後冷卻靠板，空刀左右往復移動，目測其平面度、光潔度。靠板修整示意圖如圖 3-1-22 所示。

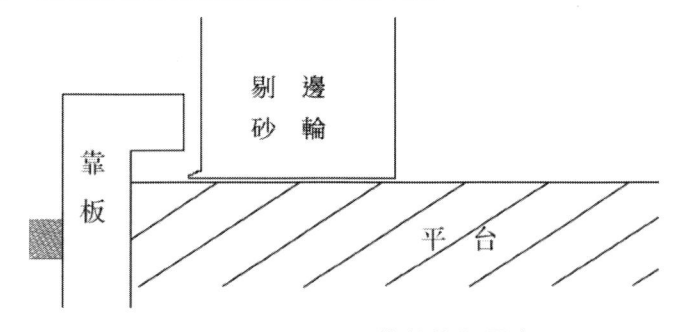

圖 3-1-22　修整靠板示意圖

六、清角

（1）在尺寸到位時將數顯歸零，將砂輪搖離工件，修整砂輪底部，一般修掉 0.1～0.2 mm 即可，保證砂輪底部為較細狀態。

（2）將砂輪直接搖至零位，砂輪轉速調至 3300 r/min 左右進行清角，此時應將工件底部塗上記號筆或粉筆，每次 0.001～0.002 mm 的下刀量對工件進行清角，目視工件底部的粉筆或記號筆的擦掉狀況，當擦到記號筆時停止進刀，若此時清角未達到要求則重複上述步驟，直至達到要求為止。

（3）對於有特別要求清角的工件，需要用投影機測量其 R 值的大小，此處的 R 值並不是其半徑尺寸，而是指裝配時的干涉值。它在 X、Y 軸上的標注如圖 3-1-23 所示。在投影機上測量時，需要將 X、Y 軸的尺寸分別測量出來，當工件要求 R ≤ 0.03 時，X、Y 值均應該小於 0.03 mm。

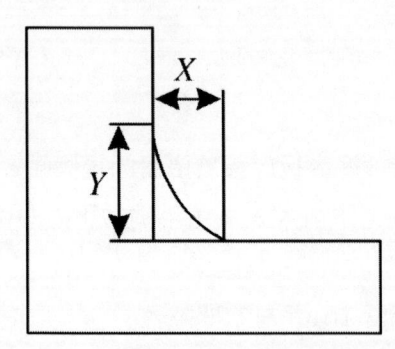

圖 3-1-23　清角示意圖

七、逃角

（1）逃角是為了工件的裝配而設置的，在裝配時可以使裝配的干涉值為零。逃角 的具體形狀有直逃角和斜逃角兩種，如圖 3-1-24 所示。

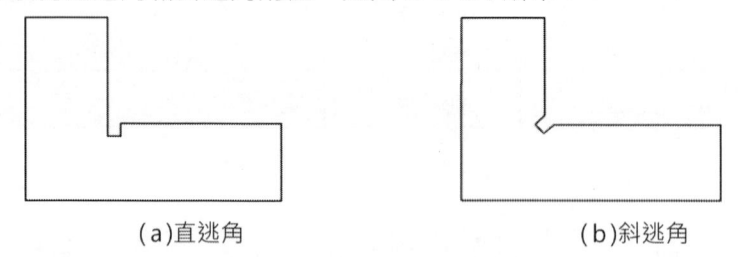

(a)直逃角　　　　　　　　　　(b)斜逃角

圖 3-1-24　逃角種類

（2）逃角的加工方法：

①將砂輪寬度修整至 1~2 mm，順著工件需要逃角的斷差側面向下切逃角；或用 寬砂輪將砂輪底部修整成逃角的形狀向下加工逃角。

②將砂輪寬度修整至 1~2 mm，工件裝夾於"V"形鐵上或正弦臺上，目視砂輪移至兩個面的相交處向下切過交點即可。

任務評價

表 3-1-1　加工典型斷差的評價表

評價內容	評價標準	分值	學生自評	教師評價
參與討論 練習情況	主動投入，積極完成學習任務	20分		
出　勤	無遲到、早退、曠課	10分		
小組成員合作情況	服從組長安排，與同學分工協作	10分		
任務完成情況	基本熟悉斷差的成型加工流程及檢測	40分		
安全文明實習	不打鬧，不隨意亂動設備工具	20分		
學習體會				

任務二　加工典型直槽

任務目標

（1）會選擇粗、細砂輪並能正確修整。
（2）掌握直槽的操作流程及其檢測。
（3）能正確加工出如圖 3-2-1 所示的直槽，並達到所需技術要求。

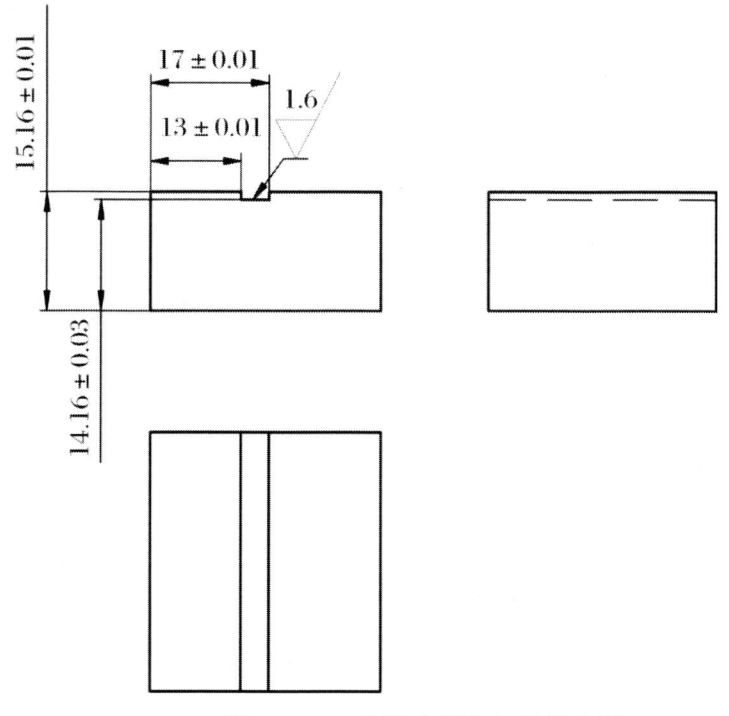

圖 3-2-1　典型直槽的加工示意圖

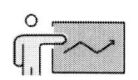

任務分析

本任務工作流程如下：選用粗砂輪和修刀並進行修整，選擇合理的粗切加工參數，裝夾工件，前後方向和上下方向各自對刀，粗加工；選用細砂輪和修刀並進行修整，選擇合理的細切加工參數，裝夾工件，前後方向和上下方向各自對刀，最後精加工並檢測。

任務實施

一、粗切

1. 選擇砂輪

用 46K 砂輪粗切,如圖 3-2-2 所示。

圖 3-2-2　　46K 砂輪牌號

2. 修整砂輪底部(圖 3-2-3)

砂輪順時針高速旋轉

底面修刀　　搖動磁台手輪,使磁台前後循環移動修整砂輪底部

圖 3-2-3　修整砂輪底部

3.修整砂輪內側面（圖 3-2-4）

（1）測量砂輪的寬度，計算修整量。

（2）將側面修刀緊吸於磁臺上，對刀後將砂輪轉速調至 1800～2400 r/min，移動至修刀尖以上位置。

（3）將側面修刀向砂輪每次 0.02～0.2 mm 進刀，再將砂輪均勻向下移動，同時左右往返移動修刀修整砂輪，上下方向進刀最高點要逐次降低，以防止修刀尖被撞掉。

圖 3-2-4　修整砂輪內側面

4.修整砂輪外側面（圖 3-2-5）

（1）一側面修整好後，將修刀轉向修整另一側面，最終使砂輪兩側面大致修平，預留精修量為 0.1~0.2mm（砂輪修整的高度必須大於或等於加工工位深度 3mm 左右）。

圖 3-2-5　修整砂輪外側面

（2）粗修整好後將砂輪轉速調至 2400 ~3000 r/min，移動至修刀尖以上位置，然後將修刀向砂輪每次 0.001 ~ 0.01 mm 進刀精修整砂輪，再將砂輪均勻向下移動，左右往返移動修刀修整砂輪，使砂輪側面細膩平整。

5.測量砂輪寬度（圖 3-2-6）

測量砂輪餘量，去除砂輪兩側面餘量，使砂輪寬度達到加工要求。

圖 3-2-6　測量砂輪寬度

6.上下方向對刀（圖 3-2-7）

粗切砂輪修整好後，將工件裝夾於磁臺上。上下方向對刀，將數顯歸零。

圖 3-2-7　上下方向對刀

7. 前後方向對刀(圖3-2-8)

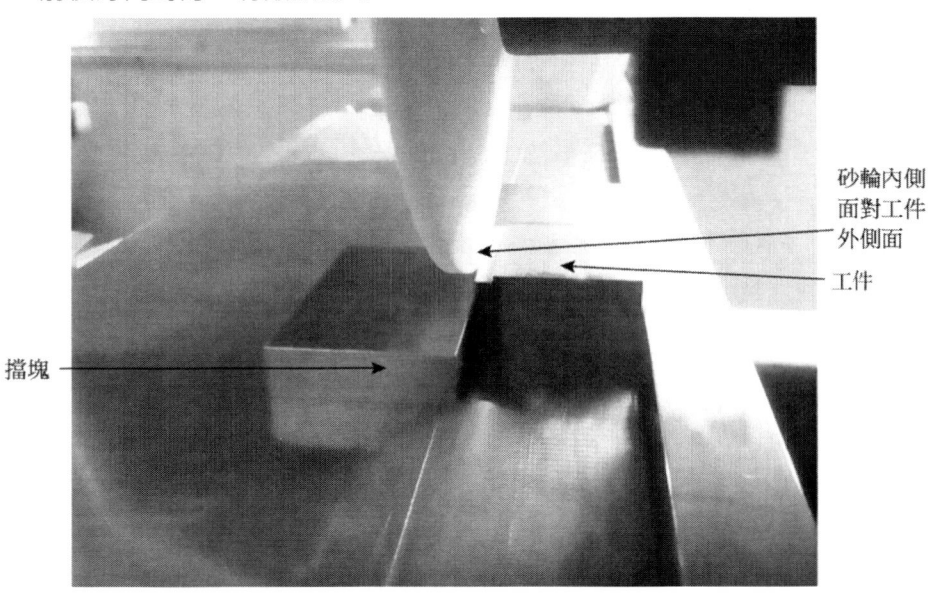

前後方向對刀,將數顯歸零。

圖3-2-8　前後方向對刀

8. 磨削直槽(圖3-2-9)

將砂輪移到所需加工的尺寸處(此尺寸含餘量)。向下粗切留餘量。

圖3-2-9　磨削直槽

二、精切

1.條件設定

（1）砂輪選擇：精切直槽選用 120K 的砂輪，如圖 3-2-10 所示。

（2）砂輪轉速選擇：一般情況下，加工側面時，砂輪轉速 3000～3300 r/min。加工底部時，砂輪轉速 1800～2400 r/min。

（3）進刀量：加工側面時，進刀量為每次 0.002～0.01 mm；加工底部時，進刀量為每次 0.001～0.002 mm。

圖 3-2-10　120K 精砂輪牌號

2.修整精砂輪底部（圖 3-2-11）

圖 3-2-11　修整精砂輪的底部

3. 修整精砂輪內側面（圖3-2-12）

修面修刀，
修整精砂輪
內側面

圖 3-2-12　修整精砂輪的內側面

4. 修整精砂輪外側面（圖3-2-13）

擋塊

工件
砂輪底面
對工件上
表面

圖 3-2-13　修整精砂輪的外側面

5.測量精砂輪寬度(小於直槽寬度)(圖 3-2-14、圖 3-2-15)

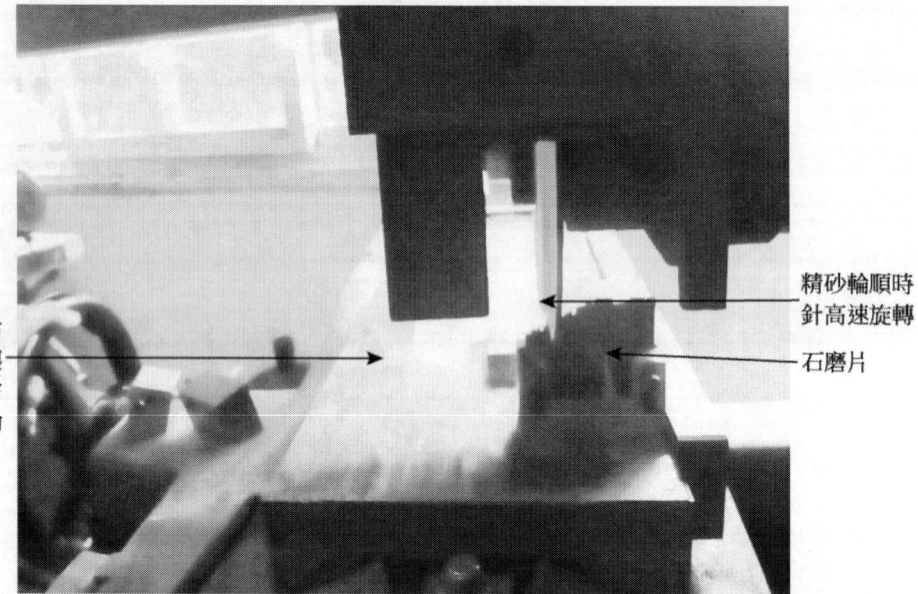

搖動左右手輪，讓磁台左右循環移動

精砂輪順時針高速旋轉

石磨片

圖3-2-14　切割石墨片

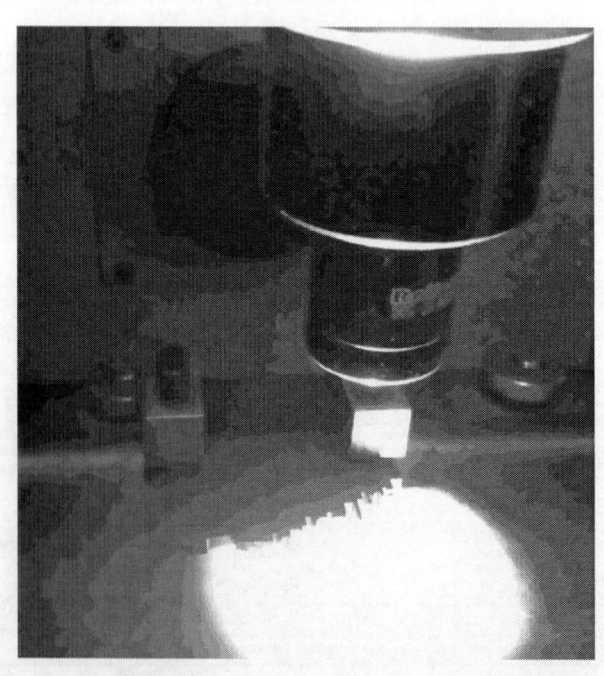

圖3-2-15　測量石墨片寬度及砂輪寬度

6.上下方向對刀（圖3-2-16）

將精切砂輪修好後將工件裝夾於磁臺上。上下方向對刀，將數顯歸零。

擋塊　砂輪底面　工件
　　　對工件上
　　　表面

圖 3-2-16　上下方向對刀

7.前後方向對刀（圖3-2-17）

前後方向對刀，將數顯歸零。

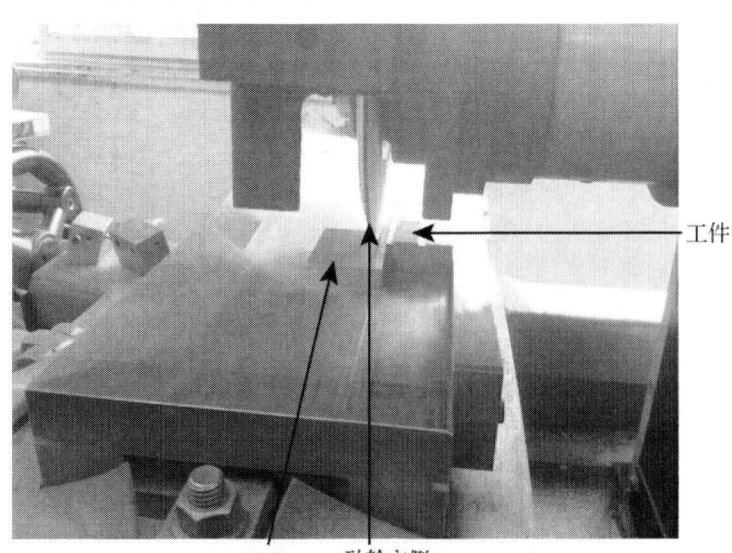

工件

擋塊　砂輪內側
　　　面對工件
　　　外側面

圖 3-2-17　　　　前後方向對刀

模具零件成型磨削操作

8.精磨削直槽（圖 3-2-18）

將砂輪移至所需加工位置處，向下切至所需位置。

圖 3-2-18　精磨削直槽

9.工件檢測

將工件取下冷卻後測量工件是否到位，不到位繼續加工到要求尺寸為止。

三、檢測（圖 3-2-19）

用高度規測量直槽的高度；用投影儀測量直槽的寬度。

圖 3-2-19　直槽的檢測

相關知識

一、直槽的介紹

在研磨加工中，直槽的加工是一項基本的重要成型技術，每一個直槽由三個面組成：兩個側面，一個底面。把它從中間分開即為兩個斷差，如圖 3-2-20 所示。

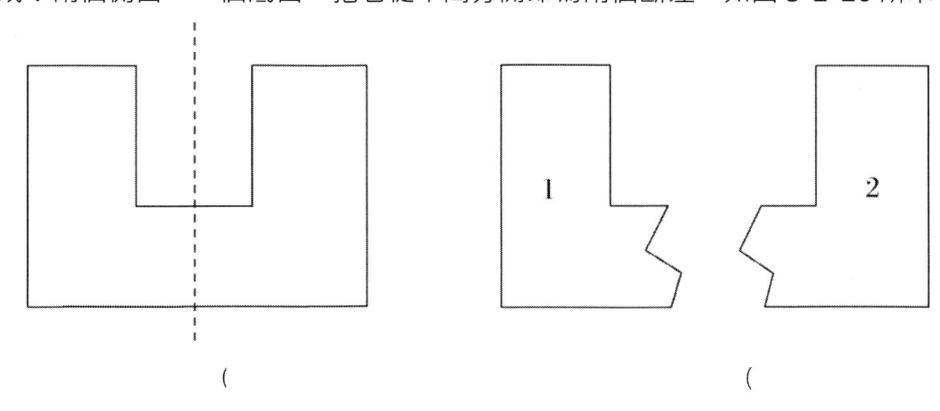

圖 3-2-20　直槽分解示意圖

二、砂輪的選用

砂輪的選擇是一項基本的重要技術，選擇的合適程度直接影響到加工的品質與效率。一般情況下，可以做如下選擇。粗切砂輪：46J（K），60J（K），80J（K）。精切砂輪：100J（K），120J（K，180J（K）。小槽砂輪：220J（K），320J（K），500J（K）。

三、直槽成型砂輪的修整注意事項

（1）砂輪兩側面去除餘量較大時應兩面均勻去除。

（2）砂輪內側面有效高度應大於外側面 1~2 mm，防止在加工時看不到後側面而將工件碰傷。

（3）砂輪修整後的面與修整前的面應為小臺階構成的斜面，不能有很深的斷差，以增加砂輪的強度，如圖 3-2-21 所示。

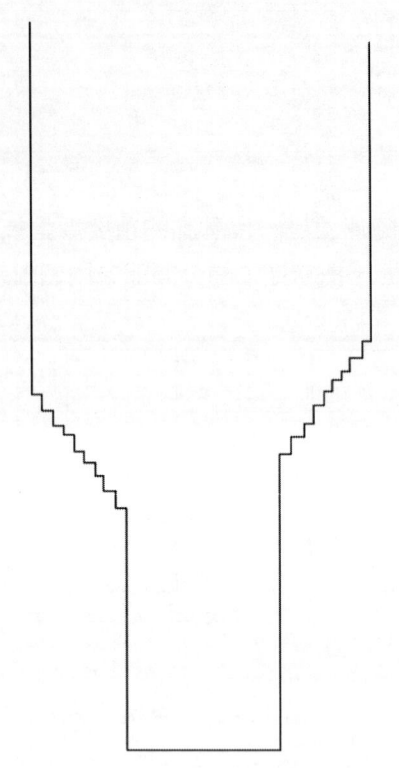

圖 3-2-21　砂輪修整示意圖

任務評價

表 3-2-1　加工典型直槽的評價表

評價內容	評價標準	分值	學生自評	教師評價
參與討論、練習情況	主動投入，積極完成學習任務	20分		
出　勤	無遲到、早退、曠課	10分		
小組成員合作情況	服從組長安排，與同學分工協作	10分		
任務完成情況	基本熟悉直槽的成型加工流程及檢測	40分		
安全、文明實習	不打鬧，不隨意亂動設備工具	20分		
學習體會				

項目四　典型斜面的成型加工

本項目主要介紹典型斜面的成型加工操作，要求學生能正確進行斜面的研磨加工。

目標類型	目標
知識目標	(1)掌握修整粗、細砂輪的參數選擇 (2)掌握斜面的檢測 (3)掌握斜面成型加工的操作過程
技能目標	(1)能正確修整粗砂輪 (2)能正確修整細砂輪 (3)能正確研磨斜面
情感目標	(1)會思考斜面的成型加工 (2) 在學習過程中，能養成吃苦耐勞、嚴謹細緻的 (3)在小組協作學習過程中，提升學生團隊的意識

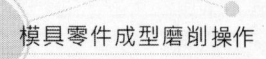

任務一　運用正弦台加工斜面

任務目標

（1）會選擇粗、細砂輪並能正確修整。

（2）掌握利用正弦台加工斜面的操作流程及其檢測。

（3）能正確加工出如圖 4-1-1 所示的斜面，並達到所需技術要求。

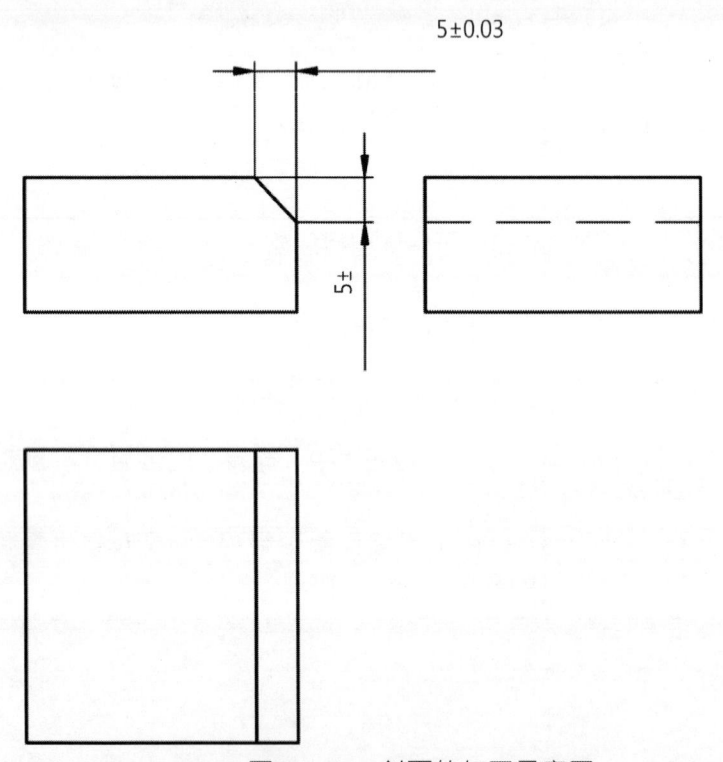

圖 4-1-1　斜面的加工示意圖

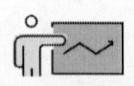

任務分析

本任務工作流程如下：選用砂輪和修刀並粗修整，選擇合理的粗切加工參數，裝夾工件，上下方向對刀，粗加工；細修整砂輪，選擇合理的細切加工參數，裝夾工件，上下方自對刀，最後加工並檢測。

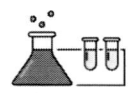

任務實施

一、粗切

1. 選擇條件

(1) 選用46K砂輪。如圖4-1-2所示。

圖4-1-2　46K 砂輪牌號

（2）砂輪轉速選擇高速，以增大切削力，一般選擇 2500r/min 以上；進刀量每次 0.02~0.04mm。

（3）盡可能選擇直徑較大的砂輪，以增大其切削力，減少磨損。

（4）餘量控制：粗切時所留的餘量直接影響到精加工品質，餘量太少會導致精加工時不能全部將粗加工痕跡去掉而導致工件報廢，餘量太多又會造成精加工時工件變形或餘量無法去除又需要再次粗切，影響加工效率，所以餘量必須嚴格遵循標準。留量值為 0.02~0.03mm。此留量標準是指工件無變形或變形較小，且處於冷卻狀態下的留量值。

2.粗修整砂輪底部(圖4-1-3)

砂輪順時針高速旋轉

底面修刀　　搖動前後手輪,使磁台前後
　　　　　循環移動修整砂輪底部

圖4-1-3　粗修整砂輪底部

3.校正擋塊水平度(圖4-1-4)

搖動左右手輪,敲擊擋塊,使擋塊位於水準方向上。

圖4-1-4　校正擋塊水平度

4.裝夾工件（圖 4-1-5）

將工件輕輕放在正弦臺上,靠緊擋塊;正弦台吸磁。

圖 4-1-5　裝夾工件

5.對刀（圖 4-1-6）

搖動左右手輪的同時搖動上下手輪往下移動砂輪,漸漸接觸到工件尖點,將數顯歸零。

圖 4-1-6　對刀

6.粗加工斜面（圖4-1-7）

利用三角函數計算總的下刀量，留 0.05 mm 餘量；檢測後，再精加工。

圖4-1-7　粗加工斜面

二、精切

1.精修整砂輪底部(圖4-1-8)

砂輪順時針高速旋轉

底面修刀　　搖動前後手輪，使磁台前後循環移動修整砂輪底部

圖4-1-8　精修整砂輪底部

2.裝夾工件（圖 4-1-9）

將粗切好的工件連同正弦台輕輕放在磁臺上，靠緊靠板；磁台吸磁。

圖 4-1-9　裝夾工件

3.對刀（圖 4-1-10）

搖動左右手輪的同時搖動上下手輪往下移動砂輪，漸漸接觸到工件表面，將數顯歸零。

圖 4-1-10　對刀

4.精加工斜面(圖 4-1-11)

將餘量漸漸加工到位。

圖4-1-11　精加工斜面

三、檢測

利用投影儀測量斜度。如圖4-1-12、圖4-1-13和圖4-1-14所示。

圖4-1-12　工件在投影儀上

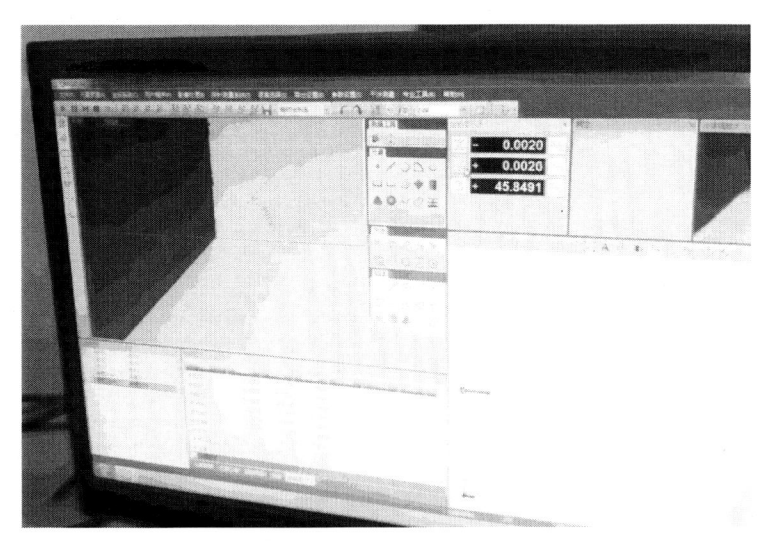

圖4-1-13 測量斜面一點的數值

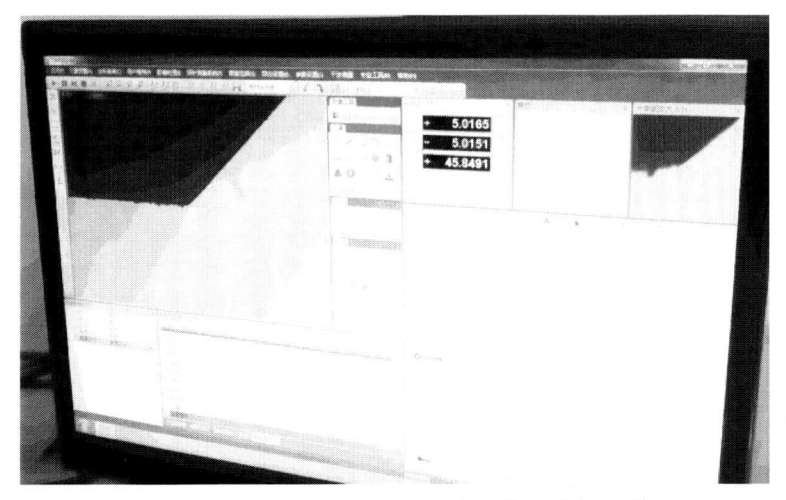

圖4-1-14 測量斜面另一點的數值

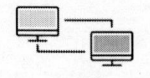

相關知識

一、斜面的種類

常見的斜面有單邊斜面、臺階斜面、直角處斜面、"V"形斜面、外斜面、內斜面幾種，如圖 4-1-15 所示幾種：

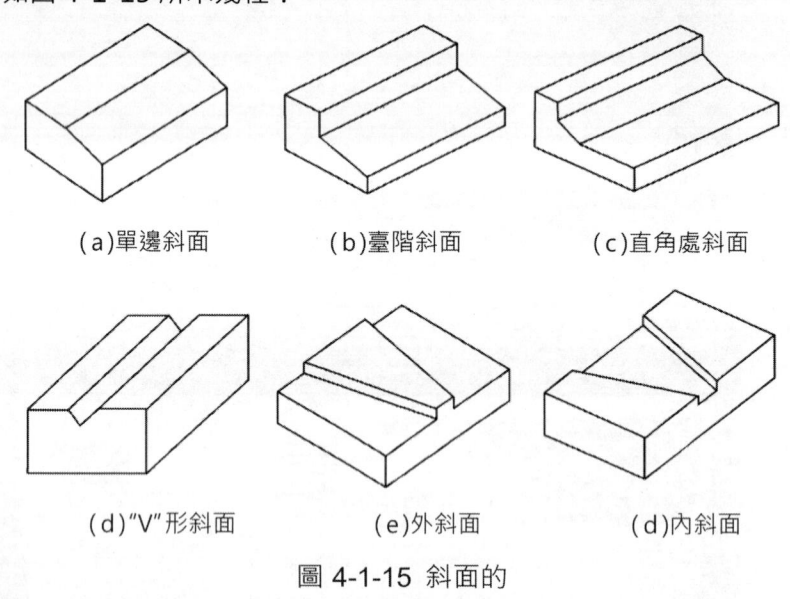

(a)單邊斜面　　(b)臺階斜面　　(c)直角處斜面

(d)"V"形斜面　　(e)外斜面　　(d)內斜面

圖 4-1-15 斜面的

二、斜面成型的輔助治具

正弦台在斜面加工中也是重要治具之一，一般用於較大斜面的加工，是利用正弦原理通過墊塊規來實現工件斜面的成型的。如圖 4-1-16 所示。

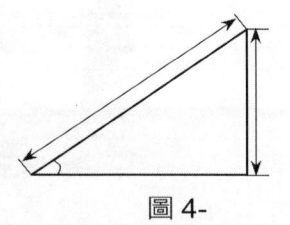

$H = L \cdot \sin\alpha$　$H=$正弦台所墊塊規的尺寸；$\alpha=$斜面與水平面所成的夾角； $L=$正弦台的中心距（常用的有 127 mm、100 mm、75 mm 三種）。

圖 4-

三、使用正弦台研磨斜面的注意事項

（1）在正弦臺上加工工件之前，平臺、靠板均要修整平且正弦台要裝正裝平。

（2）正弦台較重，在裝卸時應用兩手牢牢抱緊，不可單手將正弦台舉起。

（3）墊塊規時應注意是否墊在正弦台及塊規的工作面上。

（4）塊規裝上正弦台後，應用手輕輕向下按壓平檯面，使墊塊規處貼合更緊。在

鎖緊正弦台兩邊螺絲時應用力均勻。

（5）墊好塊規並鎖緊螺絲後應用手輕輕推動塊規，檢測是否壓緊。

（6）將正弦台輕輕放在工作平臺上，靠緊平臺靠板；工作平臺吸磁。

（7）用 46K 砂輪修整好正弦台的工作面及靠板。

（8）將正弦台角度調整到與工件要求角度一致，鎖緊螺絲。

（9）將工件裝夾於正弦臺上，用 46K 砂輪加工，加工中要多次測量。

（10）在正弦台上進刀研磨時應計算總的進刀量。如圖 4-1-16 所示上下進刀量為 AD=ABsinβ=ACcosβ。

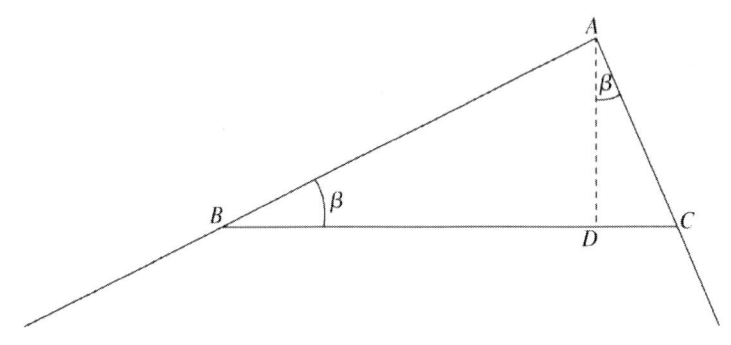

圖 4-1-16　正弦計算公式示意圖

任務評價

表 4-1-1　運用正弦台加工斜面的評價表

評價內容	評價標準	分值	學生自評	教師評價
參與討論 練習情況	主動投入，積極完成學習任務	20分		
出勤	無遲到、早退、曠課	10分		
小組成員合作情況	服從組長安排，與同學分工協作	10分		
任務完成情況	基本熟悉利用正弦台加工斜面的流程及檢測	40分		
安全、文明實習	不打鬧,不隨意亂動設備工具	20分		
學習體會				

模具零件成型磨削操作

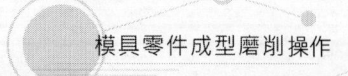

任務二　運用角度成型器加工

任務目標
（1）會選擇粗、細砂輪並能正確修整。
（2）掌握利用角度成型器加工斜面的操作流程及其檢測。
（3）能正確加工出如圖4-2-1所示的斜面，並達到所需技術要求。

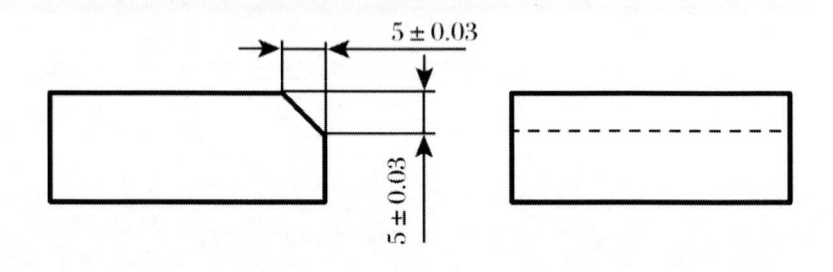

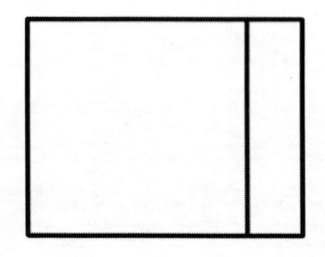

圖4-2-1 斜面的加工示意圖

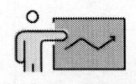

任務分析

　　本任務工作流程如下：選用砂輪和修刀，利用角度成型器粗修整砂輪，選擇合理的粗切加工參數，裝夾工件，上下方向對刀，粗加工；利用角度成型器細修整砂輪，選擇合理的細切加工參數，裝夾工件，上下方向對刀，最後精加工並檢測。

項目四 典型斜面的成型

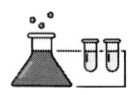

任務實施

一、粗切

1.選擇條件

(1)選用46K砂輪。如圖4-2-2所示。

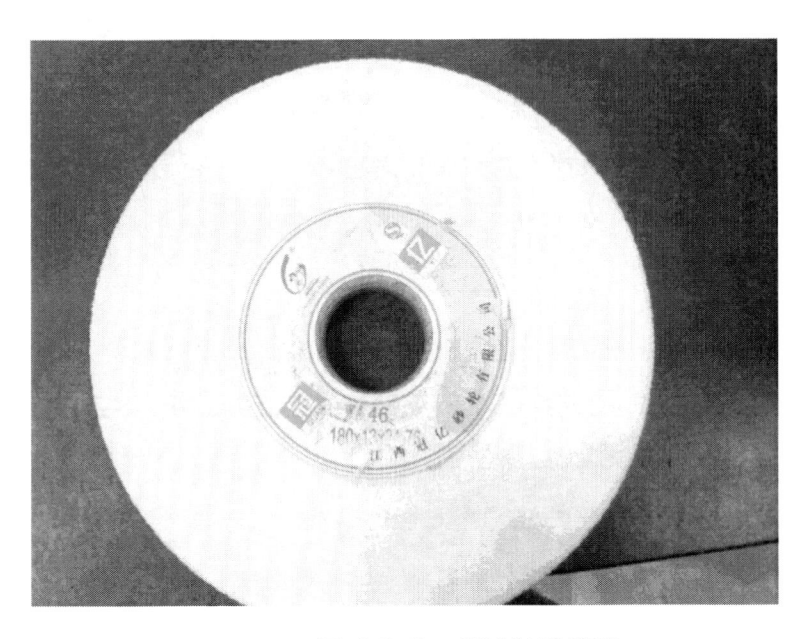

圖 4-2-2　46K 砂輪牌號

（2）砂輪轉速選擇高速，以增大切削力，一般選擇 2500r/min 以上；進刀量每次 0.02~0.04mm。

（3）盡可能選擇直徑較大的砂輪，以增大其切削力，減少磨損。

（4）餘量控制：粗切時所留的餘量直接影響到精加工品質，餘量太少會導致精加工時不能全部將粗加工痕跡去掉而導致工件報廢，餘量太多又會造成精加工時工件變形或餘量無法去除又需要再次粗切，影響加工效率，所以留量必須嚴格遵循標準。留量值為 0.02~0.03mm，此留量標準是指工件無變形或變形較小，且處於冷卻狀態下的留量值。

模具零件成型磨削操作

2.粗修整砂輪底部(圖4-2-3)

砂輪順時針高速旋轉

底面修刀　　搖動前後手輪，使磁台前後
　　　　　　循環移動修整砂輪底部

圖4-2-3　粗修整砂輪底部

3.利用角度成型器粗修整砂輪 使砂輪成規定角度(圖 4-2-4)

圖4-2-4　利用角度成型器粗修整砂輪

項目四 典型斜面的成型

4.裝夾工件(圖4-2-5)

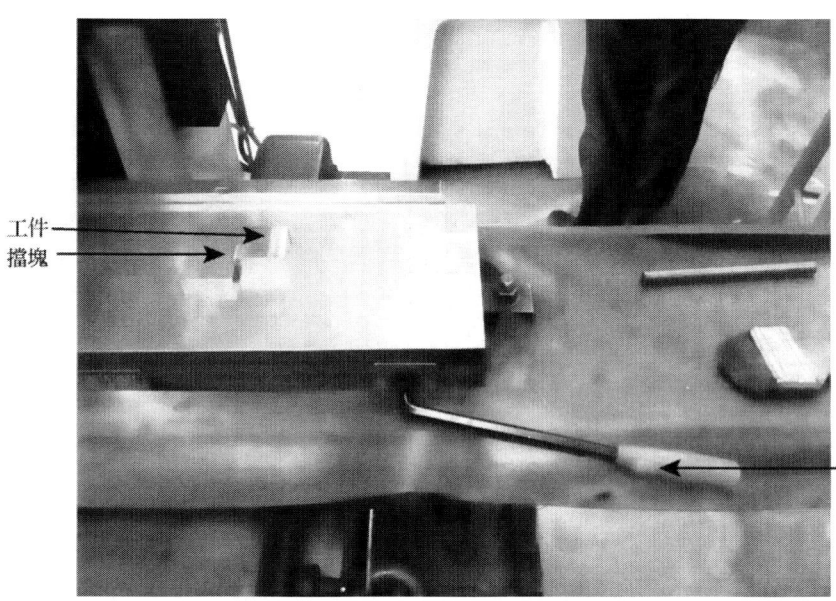

工件
擋塊

磁力扳手在右邊,表示磁台已經上磁,可以加工使用

圖4-2-5 裝夾工件

5.對刀(圖4-2-6)

圖4-2-6 對刀

模具零件成型磨削操作

6.磨削斜面(圖4-2-7)
利用成型砂輪粗磨削斜面,留精加工餘量。

圖4-2-7 粗磨削斜面

二、精切

1.精修整砂輪底部(圖4-2-8)

砂輪順時針高速旋轉

底面修刀　　搖動前後手輪,使磁台前後
　　　　　　循環移動修整砂輪底部

圖4-2-8 精修整砂輪底部

2.精修整砂輪(圖4-2-9)
利用角度成型器精修整砂輪,使砂輪成規定角度。

圖4-2-9　利用角度成型器精修整砂輪

3.對刀(圖 4-2-10)

圖4-2-10　對刀

4.精加工斜面（圖4-2-11）
將餘量漸漸加工到位。

圖4-2-11　精加工斜面

三、檢測

利用投影儀測量斜度。如圖4-2-12、圖4-2-13、圖4-2-14所示。

圖4-2-12　工件在投影儀上

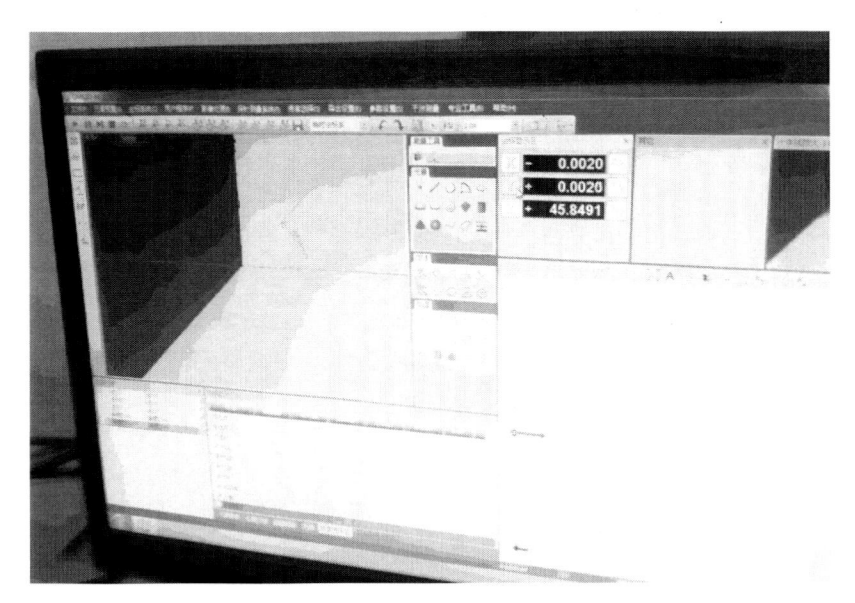

圖4-2-13　測量斜面一點的數值

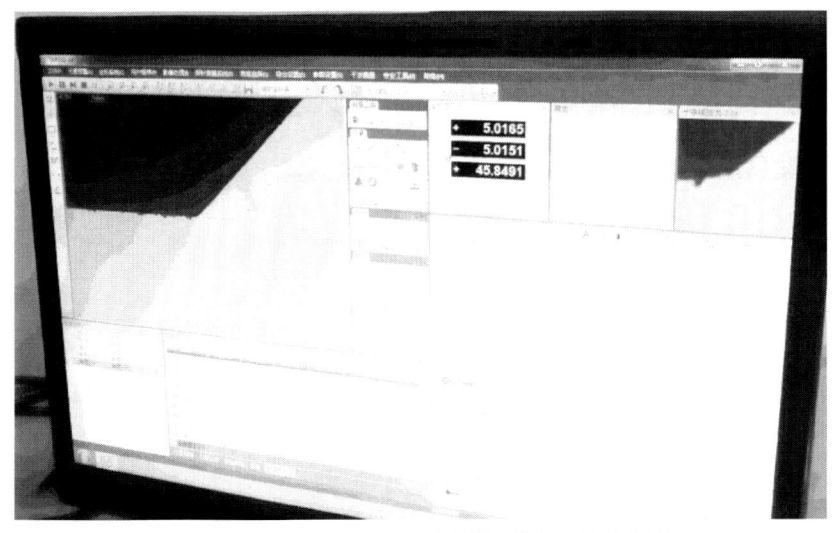

圖4-2-14　測量斜面另一點的數值

模具零件成型磨削操作

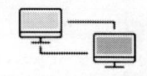

相關知識

一、角度成型器

（1）修整斜面成型砂輪的治具是角度成型器，如圖4-2-15所示。

圖4-2-15 角度成型器

（2）角度成型器的工作原理。

角度成型器修整斜面是利用正弦定理，通過墊塊規，使角度成型器導軌面傾斜一定角度，讓角度成型器上的修刀以這一傾斜導軌面為運動軌跡，來回切削砂輪，從而達到修整砂輪斜面的目的。如圖 4-2-16 所示。在斜面加工中，角度成型器是最主要的修整成型砂輪的治具，使用方便而快捷。

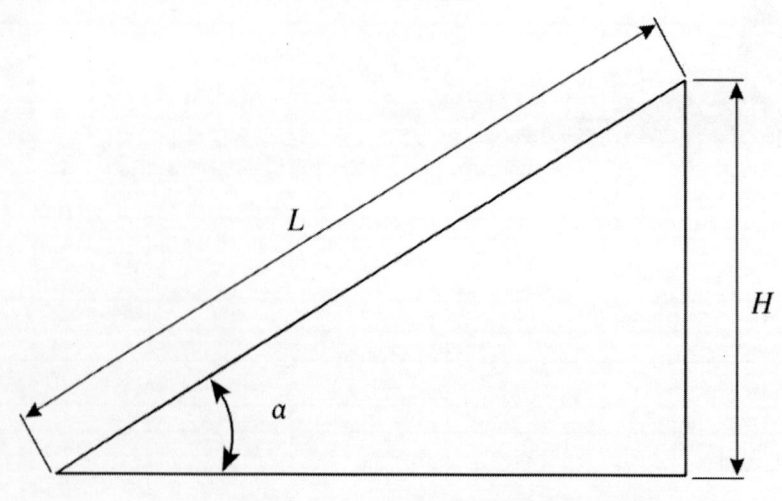

圖4-2-16 角度成型器的計算原理圖

項目四 典型斜面的成型

H 為所墊塊規的高度，計算公式為 H=L·Sinα；L 為角度成型器的中心距，常用的角度成型器的中心距為 50.00 mm；α 為斜面與水平面所成夾角。

二、角度成型器使用注意事項

（1）角度成型器端面必須靠緊靠板，保證鑽石修刀運動方向與砂輪徑向垂直，並且鑽石修刀的尖點應處於砂輪的正下方以保證角度的準確性。

（2）修整砂輪過程中，應保證角度成型器兩導軌面最大面積接觸，合理選擇用力方向且用力均勻，以保證其運動的穩定性。

（3）為安全起見，粗修整砂輪斜面時，鑽石修刀應做自上向下運動來去除餘量，勿讓手碰到砂輪。

（4）滑塊滑動時要向下壓緊，消除滑塊與導軌之間的間隙。

（5）在精修整時進刀量為每次 0.002~0.01mm，最後不進刀空走幾刀以保證成型斜面的光潔度。

（6）在墊塊規時，角度成型器 α 角度應小於或等於 45°，修整大於 45°的成型砂輪時，塊規應按（90°-α）角度來墊。同時，將角度成型器豎直裝於平臺上來修整角度。

（7）精修時，應注意進刀的正確方向，以免斜面尖點崩掉。如圖 4-2-17 所示。

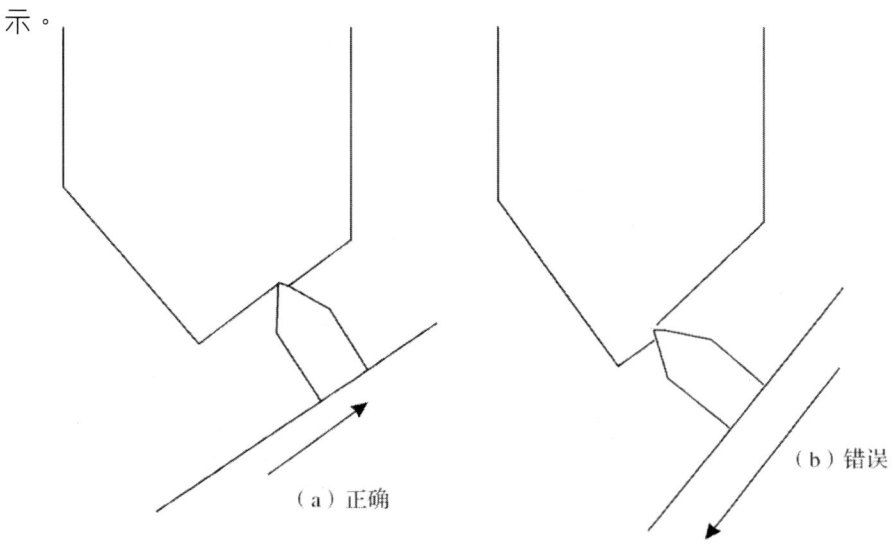

（a）正確　　（b）錯誤

圖 4-2-17　角度成型器精修時的進刀方向圖

三、修整斜面成型砂輪

（1）選擇細微性、大小合適的砂輪修整其底面和側面。

（2）計算所墊塊規的高度。計算公式為 $H=L\cdot Sin\alpha$，儘量選擇最少數量的塊規，以減少疊加後的累積誤差，從而保證角度的準確性。

（3）先粗修整砂輪，粗切；再精修整砂輪，精切。從而保證斜面成型砂輪的尺寸及角度。

四、利用斜面成型砂輪加工斜面

此方法一般用來加工斜面面積較小、形狀較為複雜且不可直接利用正弦台加工的工件，這種加工技術比用治具傾斜裝夾工件加工的技術高並且用途廣。

任務評價

表4-2-1　運用角度成型器加工斜面的評價表

評價內容	評價標準	分值	學生自評	教師評價
參與討論 練習情況	主動投入，積極完成學習任務	20分		
出　勤	無遲到、早退、曠課	10分		
小組成員合作情況	服從組長安排，與同學分工協作	10分		
任務完成情況	基本熟悉利用角度成型器加工斜面的流程及檢測	40分		
安全、文明實習	不打鬧，不隨意亂動設備工具	20分		
學習體會				

項目五　圓弧的成型加工

　　本項目主要以外圓弧的成型加工來介紹圓弧的成型加工的操作知識，要求學生能夠正確地進行圓弧研磨加工。

目標類型	目標
知識目標	(1)掌握修整粗、細砂輪的參數選擇 (2)掌握外圓弧的檢測 (3)掌握外圓弧的成型加工的操作過程
技能目標	(1)能正確修整粗砂輪 (2)能正確修整細砂輪 (3)能正確研磨外圓弧
情感目標	(1)會思考外圓弧的成型加工 (2)在學習過程中，能養成吃苦耐勞、嚴謹細緻的行為習慣 (3)在小組協作學習過程中，提升學生團隊的意識

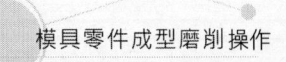

任務 加工外圓弧

任務目標

（1）會選擇粗、細砂輪並能正確修整。

（2）掌握外圓弧的操作流程及其檢測。

（3）能正確加工出如圖 5-1-1 所示的外圓弧，並達到所需技術要求。

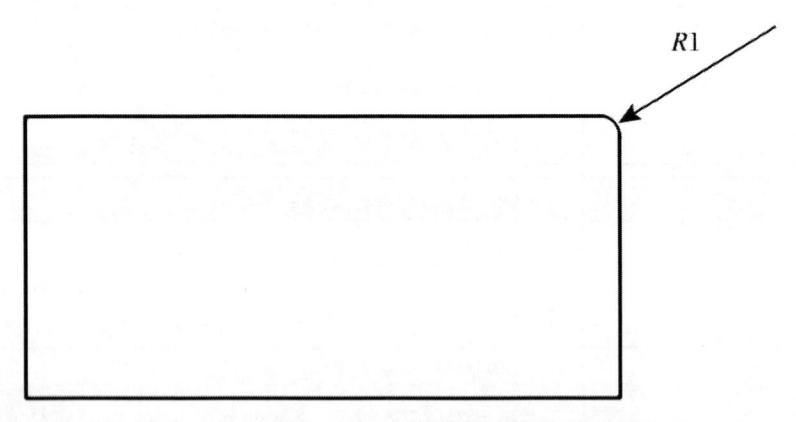

圖 5-1-1　外圓弧的加工示意圖

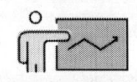

任務分析

本任務工作流程如下：選用砂輪和修刀並粗修整，選擇合理的粗切加工參數，裝夾工件，上下方向對刀，前後方向對刀，粗加工；細修整砂輪，選擇合理的細切加工參數，裝夾工件，上下方向對刀，前後方向對刀，精加工，最後檢測。

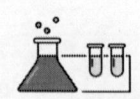

任務實施

1.選擇條件

（1）選用 46K 砂輪。如圖 5-1-2 所示。

（2）砂輪轉速選擇高速，以增大切削力，一般選擇 2500 r/min 以上；進刀量為每次 0.02～0.04 mm。

（3）盡可能選擇直徑較大的砂輪，以增大其切削力，減少磨損。

圖5-1-2　46K 砂輪牌號

2.粗修整砂輪底部(圖5-1-3)

砂輪順時針高速旋轉

底面修刀　　搖動前後手輪，使磁台前後
　　　　　　循環移動修整砂輪底部

圖5-1-3　粗修整砂輪底部

3.修整砂輪外側面(圖5-1-4)

圖5-1-4　　　　　　　修整砂輪外側面

4.調整 R 成型器的位置到加工位置（圖5-1-5）

(a)　　　　　　　　　　　　　(b)

圖5-1-5　調整 R 成型器示意圖

5.將 R 成型器放置到磁臺上,緊靠擋板(圖 5-1-6)

圖 5-1-6　R 成型器在磁臺上的位置

6.用 R 成型器對砂輪前後方向對刀(圖 5-1-7)

圖 5-1-7　R 成型器對砂輪前後方向對刀

7.用 R 成型器對砂輪上下方向對刀（圖 5-1-8）

圖5-1-8 R成型器對砂輪上下方向對刀

8.用R成型器修整砂輪(圖5-1-9)

圖5-1-9 R成型器修整砂輪

9.砂輪對工件上下方向對刀（圖 5-1-10）

圖 5-1-10　　砂輪對工件上下方向對刀

10.砂輪對工件前後方向對刀(圖 5-1-11)

圖 5-1-11　砂輪對工件前後方向對刀

11.加工外圓弧（圖 5-1-12）

圖 5-1-12　成型砂輪加工外圓弧

12.檢測

利用投影儀測量外圓弧半徑。如圖 5-1-13 和 5-1-14 所示。

圖 5-1-13　工件在投影儀上

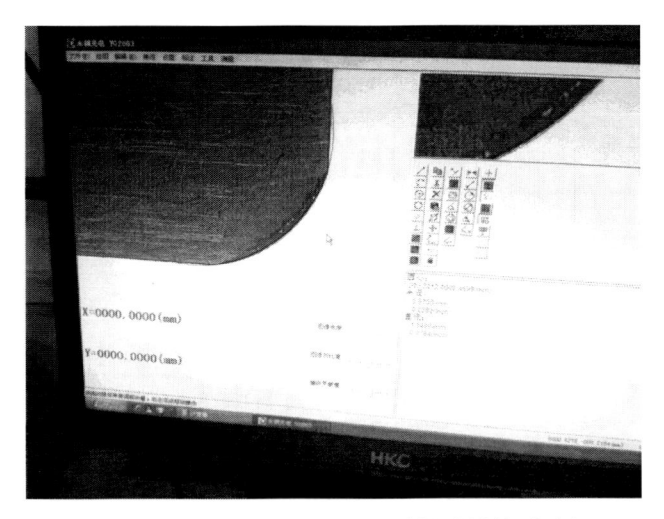

圖 5-1-14　測量外圓弧的半徑

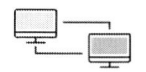

相關

一、圓弧的種類

常見的圓弧有如圖 5-1-15 所示四種。

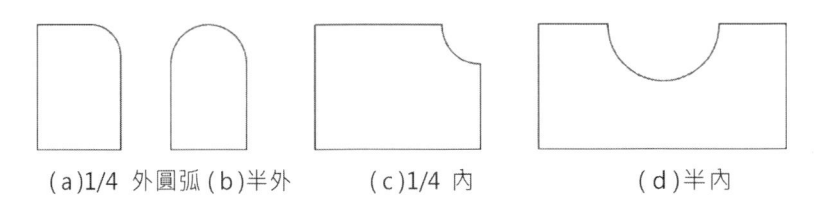

(a)1/4 外圓弧　(b)半外　(c)1/4 內　(d)半內

圖 5-1-15　圓弧的種類

二、透視圓弧砂輪成型器（R 成型器）（圖 5-1-16）

圖 5-1-16　R 成型器

（1）透視圓弧砂輪成型器的功能：用於平面手搖磨床上修整由直線和圓弧組成的各種截面的砂輪。

（2）原理：透視圓弧修整器是通過鑽石修刀尖的運動軌跡來修整砂輪圓弧。圓弧成型器的基準面到軸心的距離為 N，H 為所墊塊規的高度，成型砂輪外圓弧 H1=N-R1；成型砂輪內圓弧 H2=N+R2。如圖 5-1-17 所示。

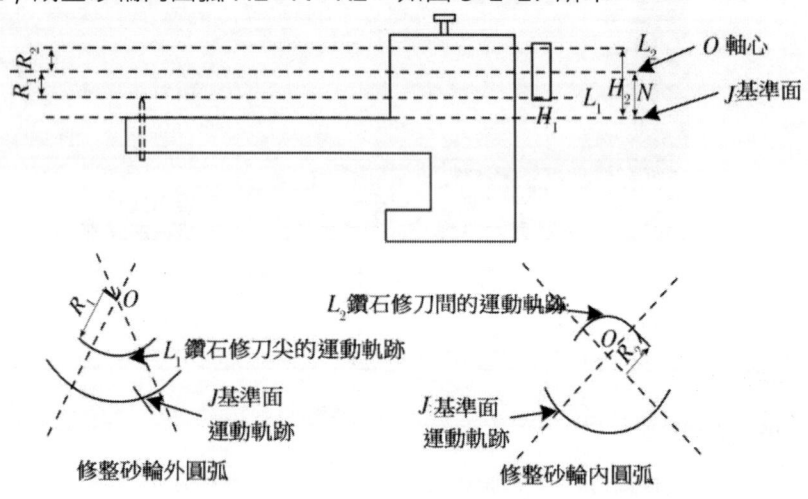

圖 5-1-17　R 成型器的工作原理圖

(3) 使用注意事項。

①R 成型器是非常精密的治具，在搬運的過程中應輕拿輕放，避免碰撞。

②使用時，左右對好刀後不可再移動左右手柄，避免將 R 成型器碰到砂輪上。

③使用完後應立即上油，做好防銹處理並放回盒中歸位。

三、圓弧砂輪的修整

（1）按原理所述的公式計算需要墊塊規的尺寸或用量具直接測量並調整 R 成型器修刀的位置。

（2）先將砂輪底部和側面修平，再將圓弧成型器一側面緊靠靠板，調整 R 成型器上的兩個 "0" 刻度對齊，以 R 成型器上的修刀在砂輪的最低點對刀，將數顯表上的 Z 軸數顯歸零。

（3）將 R 成型器旋轉 90°進行砂輪側面對刀，將數顯表上的 Y 軸數顯歸零（對刀時砂輪轉速為 1800～2400r/min）。

（4）修整砂輪外圓弧時，將工作平臺 Y 軸搖至零位，將上下方向（即 Z 軸）提高到 R 值處，開始緩慢進刀（每次 0.001～0.005mm）；同時 R 成型器不斷以 0°～90°往返旋轉，直到數顯 Y 軸、Z 軸都到零位為止。

（5）修整砂輪內圓弧時，將工作平臺 Y 軸搖至一個 R 值處，將砂輪上下方向提高到零位處，緩慢向下進刀，R 成型器不斷以 0°～90°往返旋轉，直到數顯 X、Y 軸都到 R 值處為止。

任務評價

表 5-1-1　　加工外圓弧的評價表

評價內容	評價標準	分值	學生自評	教師評價
參與討論、練習情況	主動投入，積極完成學習任務	20分		
出勤	無遲到、早退、曠課	10分		
小組成員合作情況	服從組長安排，與同學分工協作	10分		
任務完成情況	基本熟悉利用 R 成型器加工外圓弧的流程及檢測	40分		
安全、文明實習	不打鬧，不隨意亂動設備工具	20分		
學習體會				

國家圖書館出版品預行編目（CIP）資料

模具零件成型磨削操作 / 彭浪 主編. -- 第一版.
-- 臺北市：崧燁文化, 2019.07
　　面；　公分
POD版

ISBN 978-957-681-883-7(平裝)

1.模具

446.8964　　　　　　　　　　　　　　108010076

書　　名：模具零件成型磨削操作
作　　者：彭浪 主編
發 行 人：黃振庭
出 版 者：崧燁文化事業有限公司
發 行 者：崧燁文化事業有限公司
E-mail：sonbookservice@gmail.com
粉絲頁：　　　　網　址：
地　　址：台北市中正區重慶南路一段六十一號八樓 815 室
8F.-815, No.61, Sec. 1, Chongqing S. Rd., Zhongzheng Dist., Taipei City 100, Taiwan (R.O.C.)
電　　話：(02)2370-3310 傳　真：(02) 2370-3210
總 經 銷：紅螞蟻圖書有限公司
地　　址：台北市內湖區舊宗路二段 121 巷 19 號
電　　話：02-2795-3656 傳真:02-2795-4100　　網址：
印　　刷：京峯彩色印刷有限公司（京峰數位）

　本書版權為西南師範大學出版社所有授權崧博出版事業股份有限公司獨家發行電子
　書及繁體書繁體字版。若有其他相關權利及授權需求請與本公司聯繫。

定　　價：300元
發行日期：2019 年 07 月第一版

◎ 本書以 POD 印製發行